高等院校工业设计专业通用教材（第二辑）

# 交互设计

宋方昊　编著

# 内 容 简 介

本书共 7 章内容,以移动端 APP 开发流程为框架,以交互设计原理为内容进行 APP 设计开发。主要论述了移动端 APP 设计与用户体验,移动端 APP 开发流程,典型 APP 原型设计工具使用,界面设计 UI 设计规范,版式设计,文字与图片设计,界面设计中的色彩等内容。

本书可作为高等院校工业设计、产品设计等专业本科生及研究生教材,亦可供相关专业技术人员参考。

图书在版编目(CIP)数据

交互设计 / 宋方昊编著. —北京:国防工业出版社,2015.1
高等院校工业设计专业通用教材
ISBN 978 - 7 - 118 - 09902 - 7

Ⅰ. ①交… Ⅱ. ①宋… Ⅲ. ①人 - 机系统 - 应用 - 工业设计 - 高等学校 - 教材 Ⅳ. ①TB47 - 39

中国版本图书馆 CIP 数据核字(2014)第 293200 号

※

国防工业出版社出版发行
(北京市海淀区紫竹院南路 23 号 邮政编码 100048)
国防工业出版社印刷厂印刷
新华书店经售
*
开本 889×1194 1/16 印张 6½ 字数 329 千字
2015 年 1 月第 1 版第 1 次印刷 印数 1—3000 册 定价 60.00 元

**(本书如有印装错误,我社负责调换)**

国防书店:(010)88540777　　　发行邮购:(010)88540776
发行传真:(010)88540755　　　发行业务:(010)88540717

# 高等院校工业设计专业通用教材(第二辑)

名誉主编　艾兴(中国工程院院士)

　　　　　刘和山(教育部工业设计学科教学指导委员会委员)

主　　编　王震亚

编　　委　万　熠　王金军　王艳东　刘　燕　宋方昊

　　　　　李建中　苑国强　张纪群　张晓晴　范志君

　　　　　鹿　宽　郝　松　解孝峰

# 前言
Preface

近几年交互设计实验室在项目设计开发实践中积累了一定的经验与方法，通过结合前人的相关研究成果结集成册，作为每年进入实验室同学的培训资料，"从实践中来，到实践中去"是本书的指导思想。本书以移动端 APP 开发流程为框架，以交互设计原理为内容，通过对一个项目该如何开始、从哪里入手、怎样设计等最基础也是最为关键的问题进行了梳理。从理论上和实践上两个方面探讨便捷、有效的交互设计开发流程和创新方法，采取滚动式的设计实践方法，进行动态式教学，简明清晰地分解设计过程，使读者在短时间里掌握基本的交互设计方法，快速投入到设计项目开发中去。交互设计的发展还处于起步阶段，需要探讨的问题还有很多，在未来的研究中将不断继续。

本书的出版要感谢国防工业出版社的大力协助。感谢山东大学自主创新基金的资助，使交互设计课题研究不断得到深化。感谢山东大学交互实验室的毛可惠、栾安琪、李龙、周蒙、王彦军、申红艳、贾璇等同学的资料搜集工作。

希望本书对热爱交互设计，希望掌握有效 APP 设计开发的朋友们能够有所帮助。由于写作时间及个人学识有限，书中难免有不当之处，请读者批评指正。

本书获国家社科基金艺术学项目(13CB114)资助。

目录 Contents

# 第1章

# 移动互联网的发展

## 1.1 我们的世界

　　早上起床,我们打开放在床头上的手机,看一看凌晨的球赛比分结果,看一看今天的天气;上班的公交或地铁上,我们各自翻看着手机,听着音乐,看着新闻;午休吃饭,我们刷着"朋友圈",评论着各种照片和状态;回家路上,我们用手机玩着游戏,来缓解一天的疲劳;晚上睡觉前,我们还是会拿起手机(图1-1)。这是几个简单的生活场景,时刻发生在我们自己以及周围的同事、家人或朋友的身上,无论做什么,这种状态已经成为了一种习惯,成为了生活中不可缺少的一部分,智能手机已经成为几乎人手一部的科技设备,它是一种科技渗透生活的最极致的体现。

图1-1　生活中手机的使用场景

　　我们的世界,也正随着科技的进步而经历着翻天覆地的改变,从工业革命到计算机的发明,直至当下的"大数据"时代,正是科技作为主要力量带来了如此巨大的变化,从而改变着我们的生活质量和生活方式。

　　伴随着技术的发展与用户体验的提出,我们的世界出现了"iPhone"(图2-2),从此以后,屏幕变成了一种可以互动的的界面,也成为了一个科技表现的重要手段。

图 1 - 2    iPhone 与传统按键手机的对比

通过这几寸见方的硬件,我们打开了一扇通往未来和实现各种"不可能"的大门。并且伴随"交互设计"、"界面设计"、"用户体验"等设计与营销理念的提出与普及,我们与屏幕的交互技术与实现手段也越来越丰富,应用领域也越来越广泛,屏幕正是交互所需的重要载体。

屏幕改变着我们彼此之间的沟通方式,视频通话、社交软件等技术和软件让我们通过文字、图片、语音、视频来进行生活上的情感沟通;工作上的远程会议和学习上的远程在线教育改变着我们的工作和学习方式;Google 公司"Google Glass"的出现,使得我们能用最简便的方式打破时间空间的限制,记录与分享我们的每一刻。屏幕改变着我们的生活习惯和生活方式,APP(应用程序)的出现使得我们在各方面的需求变得容易,在线购物、健康监测、导航定位、移动办公等需求正经历着从受限制变得不受限制,从专业化变得大众化,从传统化变得娱乐化,从社会化变得的个人化。

## 1.2    移动设备的发展

移动设备尤其是平板电脑,正在飞速发展之中。平板电脑是一种小型、携带方便的个人电脑,以触摸屏为基本输入设备。平板电脑与传统计算机或者笔记本相比,有着明显的优势:体积小、携带方便、运行速度快、支持手写输入、移动性较强。与智能手机相比,它的屏幕更大,能进行更复杂的操作,处理能力兼容电脑操作。尤其是 iPad 的出现,给人们的学习、工作、生活带来了很大的便捷(图 1 - 3)。

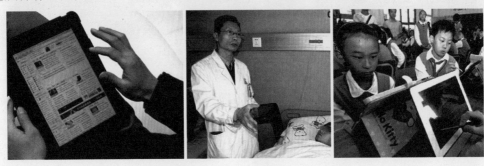

图 1 - 3    生活中人们对 iPad 的使用

《2013 - 2017 年中国平板电脑行业深度调研与投资战略规划分析报告》统计数据显示,2010 年平板电脑关键词搜索量增长率达到了 1328% 。同年,中国 PC 销售量达到 4858.3 万台,相比 2009 年增长了 16.1% ,其中平板电脑销量为 174 万台,占比约为 3.58% 。Forrester Research《2015 年美国消费者 PC 市场》报告显示,平板电脑销量在 2012 年时已经超过了上网本。

从以上介绍和市场情况可以看出,平板电脑市场前景还是比较乐观的。同样,随着用户数量的不断增加,平板电脑软件也有很大的发展潜力。

## 1.3 互联网时代的挑战和机遇

互联网的发展,本质上是让连接和互动变得更加高效,更注重人的价值。受惠于互联网和移动互联网近十年对于用户习惯的培养和观念的转变,新时代的互联网企业才有机会打破游戏规则重新洗牌。这让用户体验从业者似乎看到了曙光,但是在看到曙光的同时,我们有没有发现互联网时代所面临的一些挑战呢? 诸如:传统工作模式与互联网思维的冲突,迭代速度过快导致产品质量难以控制等,如图 1 - 4 所示。

图 1 - 4 互联网时代的挑战和机遇

### 1.3.1 互联网时代的挑战

1. 迭代速度过快

互联网行业的激烈竞争导致产品迭代速度加快,也引发用户体验设计团队的一系列问题:团队人手不够,产品缺少精雕细琢,创新不足、抄袭严重,缺乏研究,后期维护跟不上,等等。谈到用户体验团队面对的挑战时,近 80% 的相关专业人员认为是“迭代速度快,时间紧迫”。

开发迭代周期越来越短,这是互联网产品的宿命吗? 答案是否定的。专家表示两周时间作为互联网产品的迭代周期并非常态,过于频繁的迭代不可取,尤其是对移动互联网产品。

**2. 传统思维和互联网思维的碰撞**

互联网企业内部依然保留的部分传统思维与传统工作模式难以快速转变,传统思维和互联网思维难免发生碰撞:传统组织架构中的用户体验部门话语权小,很难影响决策。将近70%的相关专业人员认为"互联网思维与传统思维的冲突"是另一大挑战。

除了以上最具代表性的两个挑战之外,团队发挥空间受限、用户习惯导致的趋同性、需求是否靠谱等也是业内人士所面临的挑战。

### 1.3.2 互联网时代的机遇

越来越多的企业已经意识到并大力倡导"以用户为中心"的创新价值,用户体验设计团队在公司内被重新定位,话语权得到拓展。基于互联网和移动互联网可以引入更多创新的商业模式,给予设计行业更广阔的前景。而互联网的另一样法宝——数据,可实现产品与用户的互动,帮助设计师更精确地创造出符合用户需求的设计。

在用户体验设计团队面对的机遇中,"用户量增大,大量数据为了解用户习惯提供帮助"被近70%的相关人员所提及。

"互联网和移动互联网平台带来新商业模式和多元化,用户体验设计渗入到产品策略开发全周期"被近一半的相关人员看好。

除了以上谈到的机遇之外,互联网环境下能获得快速试错和更多创新的机会以及更多快速有效的传播渠道也是大家谈论的焦点。

## 1.4 移动互联网的相关名词

### 1.4.1 O2O

**1. O2O 的概念**

O2O 即 Online To Offline,也就是将线下商务的机会与互联网贯穿在一起,让互联网成为线下交易的前台,实现 O2O 营销模式的核心是在线支付。这个概念最早源于美国,O2O 的概念非常广泛,只要产业链中既可涉及线上,又可涉及线下,就可通称为 O2O。O2O 的原理分析可参考图 1 – 5。

图 1 – 5 O2O 的原理分析

**2. O2O 形式应用**

目前采用 O2O 形式谋划的网站已经很多,团购就是其中的一个典型代表,如专家商品团购网站中团网、齐家网、篱笆网;生活消息团购网站如美团网、窝窝团、拉手网;还有一种为消费者提供某些专门信息的网站,如赶集网、爱邦客等。

**3. O2O 的优势**

O2O 的优势在于把线上和线下的优势完美结合。通过网购,把互联网和实体店完美对接,将互联网落地。让消费者在享受线上优惠价格的同时,还可以享受线下良好的服务。同时,O2O 模式还可以实现不同商家之间的联盟。

(1)O2O 充分发挥了互联网跨地域、海量信息、海量用户、无边界的优势,充分挖掘线下的资源,团购就是其中典型的代表。

(2)O2O 模式可以对商家的营销效果进行直观的统计和追踪评估,避免了传统营销模式的不可预测性,同时还可以对消费者行为进行准确统计,从而可以为消费者提供更多优质的产品和服务。

(3)购买方便,同时消费者可以及时获得折扣等信息。

**4. O2O 模式存在的问题**

(1)消费者的窘境。线上支付,线下体验,很容易造成"付款前是上帝,付款后就什么都不是"的尴尬。比如一些实体商品,一旦质量低于消费者预期,或者质量很差,消费者就会处于非常被动的境地。

(2)体验服务得不到保障。对于 O2O 模式,线下的主体更多的是服务类型的企业,而国内服务存在各种不规范经营,虽然团购已经进行了先期的教育,但是距离稳定完善的的服务还相差甚远,体验式服务若没有好的信誉和口碑就很难获得规范化的发展。

### 1.4.2 LBS

**1. LBS 的概念**

关于 LBS(Location Based Services)的定义有很多。1994 年,美国学者 Schilit 首先提出了位置服务的三大目标:你在哪里(空间信息)、你和谁在一起(社会信息)、附近有什么资源(信息查询)。这也成为了 LBS 最基础的内容。

2004 年,Reichenbacher 将用户使用 LBS 的服务归纳为:定位;导航;查询;识别;事件检查。从技术的角度,LBS 实际上是多种技术融合的产物。LBS 的组成部分包括移动设备、定位、通信网络、服务与内容提供商。

**2. LBS 的应用**

LBS 的应用包括地理导航、社交网络、商业应用、内容服务和娱乐休闲等方面,如图 1-6 所示。

**3. LBS 的应用范例与功能**

(1)特殊群体应用:

① 孩子:使用定位服务可快速知悉孩子位置,管理孩子在校情况,保证孩子的安全。

② 老人:当前中国社会的老龄化日趋增大,大批老年人在城市中的生活会遇到诸如迷路、突发救援等问题。使用定位服务后,上述问题均可快速相应解决。

③ 残疾人:使用定位服务,可及时、有效地获得该弱势群体的相关位置信息,及时给予他们紧急的

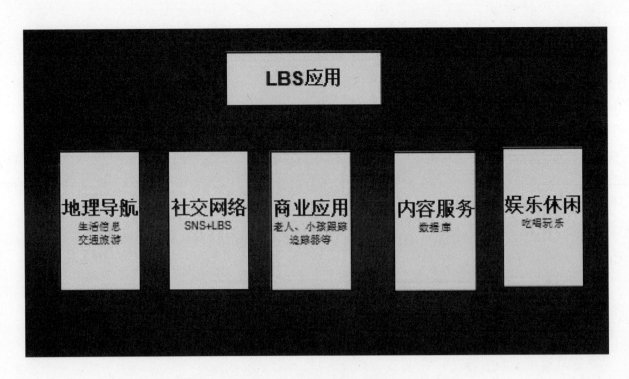

图1-6　LBS的应用模式结构

帮助或关怀。

④ 名贵宠物等物品:使用定位服务随时了解个人的名贵宠物等位置信息。

(2)防盗应用(汽车、手机等):

① 防偷盗,反劫持,紧急情况下的迅速报警,保障车辆的出行安全。定位手机,防手机被偷盗以及被盗后追踪。

② 汽车在不知情时被开走,监控平台可通过发送短信和电话的方式到车主手机,通知车主,可以对车内情况进行实时跟踪监听。

④ 定位手机,防手机被偷盗以及被盗后追踪。

(3)企业管理应用:

根据企业的情况,为该企业提供"精确数字化"管理,提高该公司管理效率,降低成本。

① 管理本企业内部人员:实现企业对外出开展业务的员工管理,实现对企业外出人员的出勤管理。

② 管理本企业内部车辆:通过车辆上的亚终端或司机的手机可以随时监控车辆,从而实现管理者实时了解企业车辆状况,提高车辆管理效率。

③ 管理本企业的贵重物品:通过贵重物品上的亚终端产品,可以随时监控物品的状况,提高管理效率。

(4)交通管理部门应用:

可对政府管理部门,例如城管、工商、税务、公安、消防等人员进行管理。

① 即时位置查询——非现场检查到岗情况。

② 紧急语音调度——出现紧急情况,调度最近人员,如手机定位两秒确定报警人方位。

③ 历史轨迹回放——非现场检查指定历史任务执行情况。

(5)社交网络应用:目前最流行的 SNS 与 LBS 的结合。

### 1.4.3　AR 技术

**1. 什么是 AR 技术**

AR（Augmented Reality，增强现实）：是一种全新的人机交互技术，利用该技术，可以模拟真实的现场景观，它是以交互性和构想为基本特征的计算机高级人机界面。它是利用计算机生成一种逼真的视、听、力、触和动等感觉的虚拟环境，通过各种传感设备使用户不仅能够通过虚拟现实系统感受到在客观物理世界中所经历的"身临其境"的逼真性，而且能够突破空间、时间以及其他客观限制，感受到在真实世界中无法亲身经历的体验。

**2. AR 技术的硬件平台**

增强现实技术是一个虚、实结合的应用，它利用计算机图形和可视化技术，从而创造出现实生活中不存在的虚拟场景，并通过传感技术将虚拟对象准确放在真实的环境中，借助显示设备将虚拟场景与真实环境融为一体。因此，增强现实硬件平台的组成包括：计算机系统、视频输入转换系统、人机交互系统、动作捕捉系统、视频显示系统、传感系统，如图 1－7 所示。

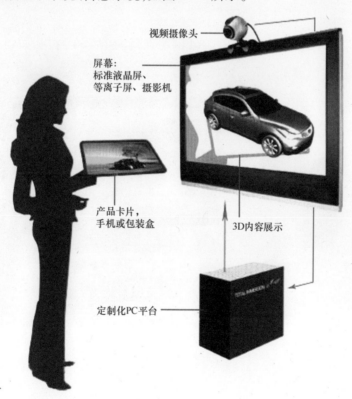

图 1－7　AR 技术的平台组成

一套纯熟的 AR 技术，除了符合要求的高质量硬件之外，更需要一套完整、成熟的软件。只有这两个条件同时达到，再加上技术实际应用的丰富经验，才能实现一套完美的用户体验效果。

不少 AR 研发企业在原有 AR 技术的基础上，正在致力研究将"人脸识别技术"与"AR 技术"相结合的新型"技术产品"。

**3. AR 技术的应用案例及相关产品**

**1）Future For The Past**

荷兰首都的考古学博物馆 Allard Pierson Museum,将 iMac 作为窗口的增强现实系统 Movable Screen,用来展示古罗马的遗迹。如图 1-8 所示。

图 1-8　Movable Screen

2）The Eye of Judgment

由索尼公司开发的,结合电视和 Trading Card 的增强现实型 PS3 游戏,如图 1-9 所示。将 Trading Card 作为标志图片,识别后显示相应游戏脚色 CG。

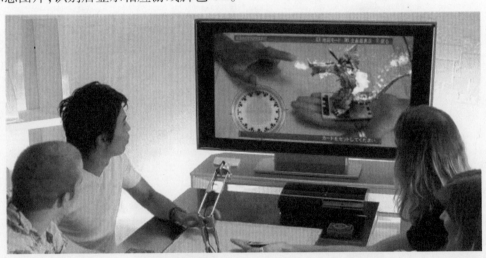

图 1-9　增强现实型 PS3 游戏

3）自动跳出的电子书

由日本某印刷公司开发的结合 AR 电子书,如图 1-10 所示,摄像头读取书上的标志图片后,在显示器中显示相应的 3D 动画。

4）谷歌眼镜

谷歌公司于 2012 年 4 月发布的谷歌眼镜(Google Project Glass),就是 AR 技术的典型应用产品,是一款增强现实型穿戴式智能眼镜,如图 1-11 所示。戴上这款"拓展现实"眼镜,用户可以用自己的声音控制拍照、视频通话和辨明方向等,它具有和智能手机一样的功能。

5）City Lens

City Lens 是诺基亚发布的一款 AR 增强现实的手机应用,如图 1-12 所示。这款应用结合诺基亚

图 1 – 10　AR 电子书

图 1 – 11　Google Project Glass

地理位置服务和增强现实技术,通过手机上的相机取景器,在所拍摄到的建筑物、街道实景上叠加覆盖层,即刻标示出餐馆、商店、酒店等各处用户感兴趣的地点及其相关信息,让用户以最直观的方式来探索周围的世界。它将实景变成一个能进行沟通的用户界面,让用户对自己所处的地段的情况一目了然,相比传统的搜索方式,更加便捷。

　　由于 AR 在虚拟现实与真实世界之间的沟壑上架起了一座桥梁,因此其应用潜力是相当巨大的,它可以广泛应用于军事、医学、制造与维修、娱乐等众多领域。如图 1 – 13 所示。

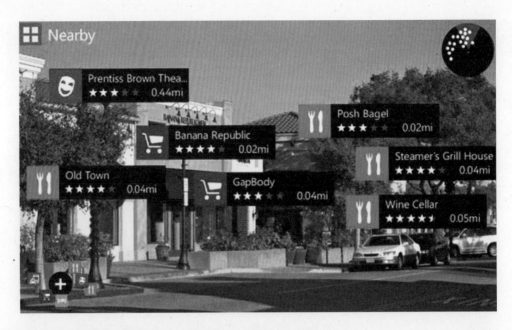

图 1 – 12  City Lens 界面

图 1 – 13  增强现实技术的应用

**思考题**

1. 拿出自己的手机、iPad,每个 APP 应用都是什么类型?

2. 通过前面的讲解,你心中是不是充满设计一款产品的冲动?那么现在就去动手吧,用 O2O、LBS、AR 等设计一款运用吧,请写下你的产品创意书。

**课程训练**

结合本章所讲的技术,概括并列出 O2O、LBS、AR 技术的定义、用途、特点、适用范围和局限性。

具体要求如下:

(1)用图表的形式对列出的技术进行分析对比;

(2)用图形或数表等形式描述每一种技术的使用情况。

# 第 2 章

# 移动端 APP 设计与用户体验

## 2.1 用户体验的定义

用户体验(User Experience,UE/UX)是用户使用产品过程中建立起来的纯主观感受。简单来讲就是"这个东西好不好用,用起来方不方便"。它包括用户使用一个产品或系统之前、使用期间和使用之后的全部感受,比如情感、喜好、认知印象、生理和心理反应等各个方面,产品(系统)性能、用户的状态和使用环境都会对用户体验产生影响。虽然用户体验是个人的主观感受,存在不确定因素和个体差异,但是对于一个界定明确的用户群体来讲,其用户体验的共性是能够经由良好设计实验来认识到的。

用户体验设计(UED),顾名思义,即是对用户使用产品的体验的设计。它是随着设计的发展而成长起来的一个新兴学科。由于用户的体验是用户使用产品的所有心理感受,感受是复杂交叉的,所以用户体验设计注定就是门交叉学科,必然涉及用户使用产品过程中的方方面面。社会学、设计学、心理学、工程技术等领域的知识都被应用来支撑"用户体验设计"这一新兴的交叉学科,如图 2 – 1 所示。

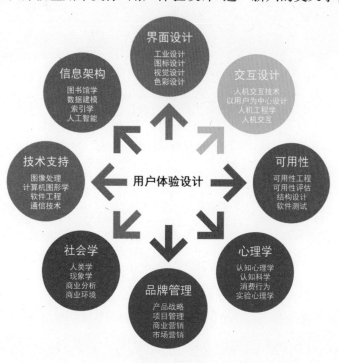

图 2 – 1　用户体验涉及的领域

## 2.2 用户体验的目的和设计目标

### 2.2.1 用户体验的目的

移动端 APP 设计方面的用户体验主要是来自用户和移动端界面的交互过程。在设计过程中我们经常会强调以用户为中心,也就是说将用户体验的概念从开发的最早期就开始进入整个流程,并贯穿始终。其目的就是保证:

（1）对用户体验有正确的预估

（2）认识用户的真实期望和目的

（3）在功能核心还能够以低廉成本加以修改的时候对设计进行修正

（4）保证功能核心与界面之间的协调工作,减少 BUG。

### 2.2.2 用户体验的设计目标

用户体验的设计目标是提高产品的有用性、易用性、友好性、视觉设计以及品牌,如图 2 - 2 所示。

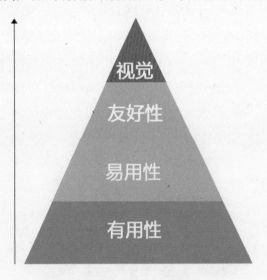

图 2 - 2 用户体验的设计目标

1. 有用性

最重要的是要让产品有用,这个有用是指用户的需求。苹果 90 年代出来第一款 PDA（Personal Digital Assistant 个人数字助理的意思）手机,叫牛顿,是非常失败的一个案例。在那个年代,其实很多人并没有 PDA 的需求,所以失败势在必然。需要注意的是:

用户需求是根本,但用户需求不一定是功能。

我们通过百度空间来具体分析,百度在半年前推出了百度空间,如图 2 - 3 所示,它是一个轻松记录、分享生活的内容社区。与同类产品相比,百度空间在功能上并没有很大的变化,就是三个最基本的功能:上传文章,上传图片,交友。这三个功能,所有博客都有做,而且有更多的功能。但是那个时候,大部分的博客,不管是 CSP 还是门户网站,都不能解决一个问题就是速度。性能很不稳定,文章上传了,可能登录就进不去了,可能上传的东西没了。对用户来讲,最基本的需求,就是速度和稳定性。但百度有很大的平台,有很多的服务器,有很大的流量,在稳定性和速度上把这两个用户体验做的更好,其次再做一些功能。总之,很难用的产品注定会失败的,这一点是非常关键的。

图 2-3　百度空间

## 2. 易用性

易用性也是非常关键的,不容易使用的产品,也是没用的。市场上手机有一百五十多种品牌,每一个手机有一两百种功能,当用户买到这个手机的时候,他不知道怎么去用,那么多的功能中他可能用的就五六个。当他不理解这个产品对他有什么用时,他可能就不会去买这个手机。产品要让用户一看就知道怎么去用,而不要去读说明书。移动端 APP 的设计也是如此。

怎样完成易用性这个任务呢?

特别提出,请不要忽视文字的力量。比如下面这两句话:

"你只要在你的邮件确认一下你就成功了"。

"快要成功了。"

这是当年 EBAY,用户注册账号到第三步时给用户的一个反馈,第一句话很长,当用户看到这句话的时候,很多用户只注意到了"成功"的字眼,以为自己已经注册成功了,后来 EBAY 改成了五个大字"快要成功了",当用户看到此提示时,知道自己还没有成功。改版后,EBAY 的注册率从 10% 提到了 20%。

## 3. 友好性

最早加入百度联盟的时候,用户会收到这样一封邮件:百度已经批准你加入百度的联盟。"批准",这个词总让人感觉很不舒服。但是,如果用户收到的邮件是这样的:祝贺你成为百度联盟的会员。这就会给用户带来完全不一样的感受。由此可以看出,用户体验的友好性体现在更多的细节方面。

#### 4. 视觉设计

视觉设计一个很重要的目是传递有效信息,是让产品具有一种吸引力。这种吸引力让用户觉得这个产品很有兴趣。"苹果"这个产品其实就具有这种吸引力,让用户在视觉上受到吸引,爱上这个产品。视觉能创造出用户黏度。

怎么让用户爱上你的产品?

可以通过视觉去改善,去提供一种感觉。这就是百度和 Google 要做节日 LOGO 的原因,它们是很普通的搜索产品,节日时做做 LOGO,让用户产生一种感觉、情感,黏度会更好。我们可以从视觉上去提高这种类似的用户黏度。如图 2-4 所示,Google 的端午节 LOGO 和百度的元旦 LOGO,让用户觉得很亲切。

图 2-4　Google 和百度的节日 LOGO

#### 5. 品牌

前四者做好,自然会上升到品牌。这时去做市场推广,可以得到很好的效果。相反,若前四个基础没做好,推广越多,用户用得不好,他会马上走,而且永远不会再来,他还会告诉别人这个东西很难用,这样就会大大影响最后的结局。

用户体验设计经常犯的一个错误就是,直接开发直接上线。若在上线之前有很多错误,就会严重影响用户体验,最终得到的用户反馈将大打折扣。这就提醒我们,想要做得更好,一开始时就应该准确地做出一些判断和取舍。

## 2.3　用户体验的分类

#### 1. 感官体验

呈现给用户视听上的体验,强调舒适性,一般在色彩、声音、图像、文字内容、网站布局等方面呈现。如图 2-5 所示的这款应用界面通过极少的色彩,来表达界面层次和重要信息,同时也获得了很好的视觉体验。

#### 2. 交互用户体验

界面给用户使用、交流过程的体验,强调互动、交互特性。交互体验贯穿浏览、点击、输入、输出等

图 2 - 4　界面

过程给访客产生的体验。如图 2 - 5 所示，UP Coffee 是一款追踪人体内咖啡因影响睡眠的动态展示 APP，计算饮入的咖啡因与体内水分反应，引导睡眠的最佳时间。此应用的特点是以动态将数据呈现，圆形的点不断地往下落，瓶子里面的点也呈现运动的状态，当图形以动态效果呈现时，便能多维度呈现给用户实时信息，同时能与用户形成互动，提高数据表现的趣味性。

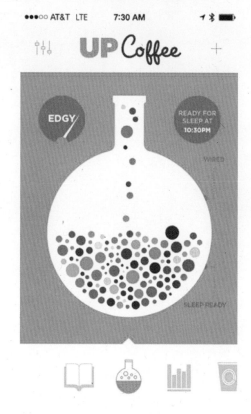

图 2 - 5　UP Coffee

3. 情感用户体验

给用户心理上的体验，强调心理认可度。让用户通过站点能认同、抒发自己的内在情感，就说明用户体验效果较深。情感体验的升华是口碑的传播，形成一种高度的情感认可效应。如图 2 - 6 所示，榫卯被称为是一个比较有情怀的 APP，其视觉、交互、声音等多方面都做得很精致，也换回了人们的某种记忆，因此，用户的心理认可度也很高。

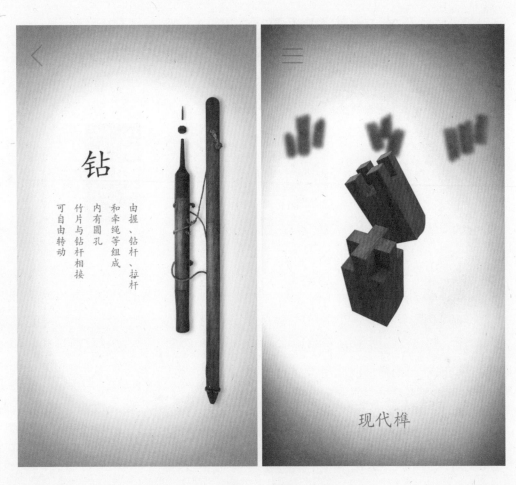

图2-6 榫卯

## 2.4 用户体验的五个层次

战略、范围、结构、框架和表现,这五个层次构成了一个基本架构(图2-7),只有在这个架构上,我们才能讨论用户体验的问题,以及用什么工具来解决用户的体验。在每一个层面中,我们需要处理的问题有抽象的,也有具体的细节。随着层面的上升,我们要做的决策会变得越来越具体,也涉及越来越精细的细节。用户体验的五个层次就像冰山一样,我们看到的往往是冰山的一角,在其下面还会有很多我们看不见的,同样,在用户体验的五个层次里,我们看到的更多的是表现层的视觉部分,有的层次是看不到的,但其作用却是不能忽视的。

1. 战略层——产品目标和用户需求

成功的用户体验,其基础是一个被明确表达的"战略"。知道企业与用户双方对产品的期许和目标,有助于确立用户体验各方面战略的制定。然而回答这些看似简单的问题却不如说起来那么容易。(注意:这里所提到的产品是指网站或者移动端APP。)

2. 范围层——功能规格和内容说明

带着"我们想要什么"、"我们的用户想要什么"的明确认识,我们就能弄清楚如何去满足所有这些战略的目标。当你把用户需求和产品目标转变成产品应该提供给用户什么样的内容和功能时,战略就变成了范围。

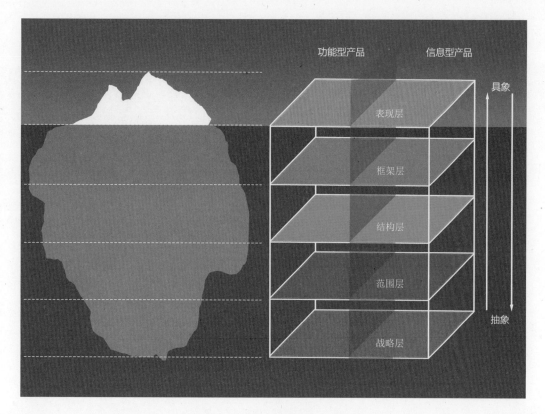

图 2 – 7　用户体验的五个层次

## 3. 结构层——交互设计与信息架构

在收集完用户需求并将其排列好优先级别之后,我们对于最终产品将会包括什么特性已经有了清楚的图像,如图 2 – 8 所示。然而,这些需求并没有说明如何将这些分散的片段组成一个整体。这就需要在范围层的上面一层,为产品创建一个概念结构。

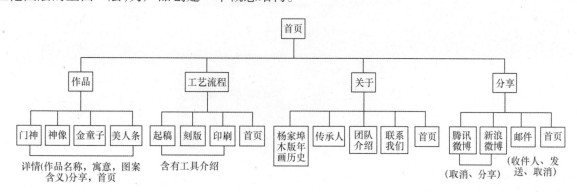

图 2 – 8　结构层

## 4. 框架层——界面设计、导航设计和信息设计

在充满概念的结构层中开始形成了大量的需求,这些需求都是来自我们战略目标的需求。在框架层,我们要更进一步地提炼这些结构,确定很详细的界面外观、导航和信息设计,这能让结构层变得更加一目了然,如图 2 – 9 所示。

## 5. 表现层——视觉设计

在这个五层模型的顶端,我们把注意力转移到用户会先注意到的那些方面。视觉设计是内容、功能和美学汇集到一起来产生一个最终设计,这将满足其他四个层面的所有目标,如图 2 – 10 所示。

图 2 – 9　框架层

图 2 – 10　表现层

## 2.5　常见的与用户体验相关的名词

### 1. 用户体验

英文为 User Experience,缩写为 UE 或 UX。它是指用户访问一个网站或者使用一个产品时的全部体验,包括用户的印象和感觉;是否成功,是否享受,是否还想再使用;他们能够忍受的问题、疑惑以及

BUG 的程度。

2. 以用户为中心的设计

英文为 User – Centered Design，缩写为 UCD。

3. 交互设计

英文为 Interaction Design。交互设计是指设计人和产品或服务互动的一种机制，以用户体验为基础进行的人机交互设计要考虑用户的背景、使用经验以及在操作过程中的感受，从而设计出符合最终用户需求的产品，使得用户在使用过程中获得良好的用户体验。

任何产品功能的实现都是通过人和机器的交互来完成的。交互设计的目的是使产品让用户使用起来更加简单。

4. 用户界面

英文为 User Interface，即 UI。

5. 图形界面

英文为 Graphics User Interface，即 GUI。有效的界面设计经常是预见的过程，设计目标是开发者根据自己对用户需求的理解而制定的。优秀的界面简单且用户乐于使用，这意味着设计需适应硬件的局限。

6. 人机交互

英文为 Human Computer Interaction，即 HCI。

7. 信息架构

英文为 information architecture，缩写为 IA。它是一个整理信息，概括信息系统与使用者需求的过程，主要是要将信息变成一个经过组织、归类以及具有浏览体系的组合结构。

**思考题**

1. 在这个强调用户体验的时代里，用户体验到底可不可以被设计呢？

2. 为什么说"要理解用户的需求，这是非常艰难的一步"？

**课程训练**

以自己手机里的一款应用为例，对其战略层、范围层、结构层、框架层、表现层进行分析，写出用户体验分析报告。具体要求如下：

（1）分析应用的需求、使用人群及使用环境；

（2）列出应用的交互行为；

（3）分析并列出应用的信息框架图；

（4）对此应用的用户体验进行评价；

（5）分析报告内容完整，表达形式清晰直观，易于理解。

# 第 3 章

# 移动端 APP 设计与交互设计

## 3.1 交互设计

每天中的任一时刻,都有好几亿人在发送 E-mail、打手机、发送即时消息、随身听音乐。优秀工程师让这些成为可能,而交互设计师会让这些事情变得可用、有用和有趣。

交互设计是"了解用户想要什么"的途径,它关注最多的是如何满足人们和产品或者服务使用时的需要和期望。当设计师关注人们的目标,即人们为什么使用某个产品的最初原因,以及人们的期望、态度和能力,设计师就可以创造出人们觉得好用而愉悦的产品。下面通过几个例子来更好地认识和理解交互设计。

例1:如图3-1所示,生活处处有交互,一个小细节就能给予人们在使用开关时的目标和反馈。

图3-1 生活中开关的小细节

例2:Windows 系统和 OSX 系统在安装软件上的差别。OSX 只需要拖拽,而 Windows 系统的安装过程令人头疼,如图3-2所示。

例3:穿戴设备的出现使人们的交互生活更加直接、愉悦,如图3-3所示。

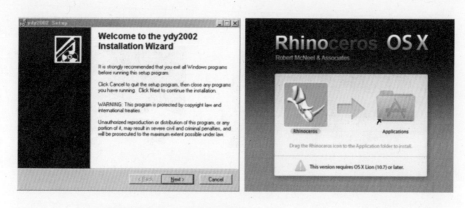

图 3 - 2　Windows 系统和 OSX 系统的安装软件对比图

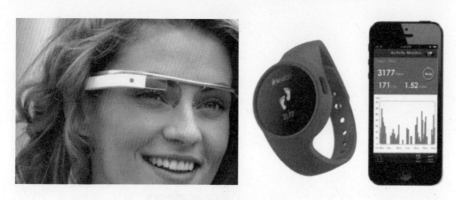

图 3 - 3　智能穿戴设备

## 3.2　交互设计方法

1. 以用户为中心的设计

使用产品或服务的人知道自己的需求、目标和偏好,设计师需要发现这些并为其设计,帮助用户实现目标。

简单地说,用户数据贯穿着整个项目,是设计决策的决定性因素。当不知道产品该如何做时,用户的期望和需求确定了回答。设计者需要关注用户最终想完成什么,设计师定义完成目标的任务和方式,并且始终牢记用户的需求和偏好。设计师在项目的每个阶段都引入用户。设计师的角色,如图 3 - 4 所示。

2. 以活动为中心的设计

以活动为中心的任务不关注用户目标和偏好,而主要针对围绕特定任务的行为。决策和个人的内心活动不再被强调,而是关注人们做什么,关注他们共同为工作(或交流)创建的工具。活动可以简短、简单(如制作三明治)或耗时深入(如学习一门语言)。

以唱吧为例,唱吧,是一款免费的社交 K 歌手机应用。这款应用内置混响和回声效果,可以将你的声音进行修饰美化。应用中除提供伴奏外,还提供了对应的歌词,K 歌时可以同步显示,并且能够像 KTV 一样可以精确到每个字。此外,唱吧中还提供了有趣的智能打分系统,所得评分可以分享给好友 PK。唱吧已经更新了很多版本,现在的版本中,还增添了聊天部分,登录后可以与唱吧好友进行互动;除此之外,用户还可以通过"发现"这个板块寻找好友、附近群组和附近歌王,如图 3 - 5 所示。

**用户**感受到自己是产品的创造者、设计者、改变者

**研究人员**作为PD的主要组织者，得以从更丰富的角度挖掘用户的意识和需求

**设计师**更多地扮演着协调者、配合者和观察者，感性的获得第一手资料

图3-4 设计师的角色

图3-5 唱吧

### 3. 系统设计

系统设计利用组建的某种既定安排来创建设计方案，是解决设计问题的一种非常理论化的方式。系统的组成可以包括人、设备、机器和物件。

在此方法中，更强调场景而不是用户，使用系统设计的设计师会关注整个使用场景，而不是单个的对象或设备。系统设计方法观察用户与场景的关系，并且观察他们与设备、他人以及自己之间进行的交互，所以，设计师能够更好地理解产品或服务周围的环境。

例如：超级课程表——让无形的系统变有"型"，如图3-6所示。

超级课程表通过对接高校教务系统，快速录入课表到手机，收录千万节课程信息，可以实现校内跨院系任意"蹭"课；并且可以通过应用学习外语，充实学生的课余生活。

图 3 - 6　超级课程表

超级课程表,以学生最常用工具手机为依托,系统全面地提供学生所需要的课程信息;并打破系统的枯燥与单调性,融入社交功能,使其既完美地提供了查询课程的系统需求,又为年轻的学生开辟了新的社交空间。所以它刚一推出就取得了很大的成功。超级课程表可以作为系统设计的典范,以供大家学习与参考。

4. 直觉设计

直觉设计(天才设计)几乎完全依赖设计师的智慧和经验来进行设计决策。设计师尽其所能来判断用户需求,并基于此来设计产品。这种方法不是说设计师不考虑用户,事实上他们也考虑。设计师们利用他们的个人知识来确定用户所想、所需和期望。

天才设计这种方法比较适合经验丰富的设计师,新手设计师应该谨慎使用,因为直觉很可能是错误的。

通过表3-1我们对这四类方法从定义、用户和设计师分别扮演的角色这三个方面进行总结和比较。

表 3 - 1　四类方法的比较

| 方法 | 定义 | 用户 | 设计师 |
|---|---|---|---|
| 以用户为中心的设计 | 关注用户需求和目标 | 设计的导向 | 用户需求和目标的翻译者 |
| 以活动为中心的设计 | 关注需要完成的任务和目标 | 任务的执行者 | 为活动创建工具 |
| 系统设计 | 关注系统的组成部分 | 设定出系统的目标 | 保证系统所有部件各就其位 |
| 天才设计 | 依靠设计师的技巧和智慧设计产品 | 验证的来源 | 灵感来源 |

## 3.3　交互设计原则

### 3.3.1　内容优先

界面布局应以内容为核心,提供符合用户期望的内容,如何设计和组织内容,使用户能够快速理解应用所提供的内容,使内容真正有意义,这是非常重要的。

如图 3-7 所示,ZAKER 是一款优秀的资讯聚合与互动分享阅读软件,拥有资讯、娱乐、科技、财经、汽车、体育、本地新闻等十几个板块,上千条媒体、新媒体、自建频道内容资源。用户可根据个人喜好订阅相应内容,也可通过 ZAKER 智能推送功能获取自己感兴趣的信息。

图 3-7　ZAKER

1. 内容要符合设备的特征

在 PC 上的网页内容往往相对复杂,在进行内容移动化时,并不适合把内容直接照搬到移动端。针对不同的设备,内容要符合其设备的特征。

应用的内容应使用用户的语言,以用户熟悉的纬度来组织内容,这样更容易查找目标信息,提升内容的利用率,删除无关的多余内容,让内容更简洁清晰。考虑在屏幕空间可以合理的布局,增加屏幕的利用率,内容要清晰和具体,是用户恰好需要的。如图 3-8 所示为 ZAKER 在不同设备上的变化。

2. 优先突出用户需要的信息,简化界面的导航

在一个应用提供给用户的信息比较多时,设计师们的关注点往往也会转移到如何让用户找到内容,而忽略了用户能够获得价值的是内容,而不是导航。

在进行设计时,我们需要更为关注的是用户需要的内容,其次才是导航;同时也要提升屏幕空间的

图 3 - 8　ZAKER 在不同设备上的呈现

利用率,把屏幕资源更多地给内容而不是导航。只在恰当的时候,可以让用户呼出导航即可。例如:花瓣网的手机端应用,其屏幕空间的利用和导航的安排与呼出如图 3 - 9 所示,当用户一直下滑浏览的时候,导航栏消失,当用户上滑时,预示着用户可能想要到其他的功能区,此时导航栏出现。

图 3 - 9　花瓣网的手机客户端

### 3.3.2　为触摸而设计

点击操作是 PC 时代交互的基础,在触屏设备上基于手指的手势操作已经代替了鼠标的点击操作。手势操作灵活多变,交互自然,但也带来识别性差、操作精度不高等缺点,需要一些手势设计的基本原则来指导和完善。以信息架构为基础,建立手势交互规范。

在一个应用中,手势的统一非常重要。应该让用户在应用的任何界面中都知道怎么使用手势,并达到预期的结果。这需要设计师提供一套基于应用信息架构的手势规范,它将是导航与交互的基础。

1. 优先设计自然的手势交互,而不只是 Tap 点击

大多数的应用在手势的使用上还是非常保守的,基本上是以点击为主,模拟在 PC 上的操作。建议在设计时,能更多地思考出一套适合自己应用的手势交互形式,使用户在操作过程中能更自然、更高效,引导用户在情境中学习手势操作。如图 3-10 所示为一些基本的操作手势。

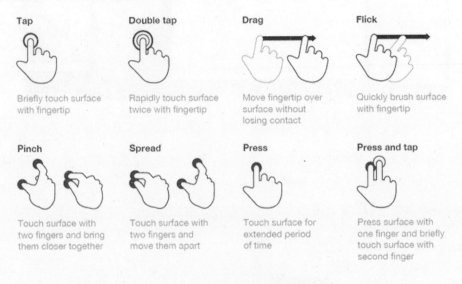

图 3-10 基本的操作手势

由于手势在界面上是相对隐藏的操作类型,需要用户的探索和学习。因此,除了基本的用户都熟知的手势外,其他手势更多地是以指导用户操作的方式来做,让用户快速掌握。

2. 可触区域必须大于 7mm×7mm,尽量大于 9mm×9mm

在触摸操作设计时,我们已经知道在界面中的可触摸物理区域边长不应小于 7~9mm。如图 3-11 所示的两个实验,为了让用户在各种情景下都能容易操作,我们建议可触摸区域边长不应小于 9mm。

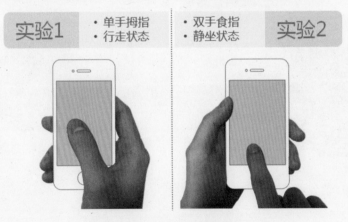

图 3-11 可触摸区域的实验

3. 转换输入方式

(1)减少文本输入。手势操作会以更快的形式进行输入,提升了输入的效率。例如,当用户输入某个字母或词语后,系统会根据用户提供的该字或词给出一些推荐,如图 3-12 所示,用户手指拨动就可以完成词语输入,提升了效率。

(2)转化输入形式。尽量把用户要输入的内容变成选择,日期、地址等本身可以转化为选择的内容,尽量减少选择输入,而不是直接让用户输入,如图 3-13 所示,用户只需要手动选择自己需要的时间。

图 3-12　系统根据用户的输入给出推荐　　　　图 3-13　用户通过选择代替输入

## 4. 流畅性

找不到目标、不知道该怎么操作、操作后没有及时反馈等，都会影响应用的流畅性。将用户完成任务的操作触点连接起来就能组成一个完整的操作流，我们可以通过操作路径来判断界面的流畅性，操作路径短在一定程度上被认为是操作效率更高，流畅性更好。

## 5. 易学性

对于应用产品，提倡的是简单、直接的操作，让用户快速学会使用。保持界面架构简单、明了，导航设计清晰易理解，操作简单可见，通过界面元素的表意和界面提供的线索就能让用户清晰地知道操作方式。

## 6. 智能有爱

评价一个应用，除了看它是否满足用户需求和是否具有友好的可用性之外，能让用户感受到惊喜是应用设计中最为推崇的。这样的设计往往超越了用户的期望，用户能很好地理解，并高效、更有趣地完成任务。应用的设计应该是惊喜有趣、智能高效和贴心的。

例如：My Script Calculator，计算器能进行手写数学操作，书写自然，方便、简单并且直观，只需要在屏幕上写下数学表达式，My Script 技术便能将符号和数字神奇地转化成数字文本并实时给出结果，如图 3-14 所示。

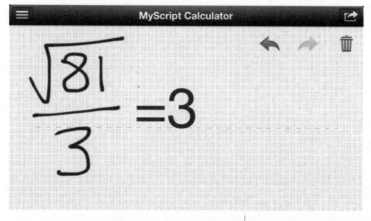

图 3-14　My Script Calculator

我们通过图 3 – 15 对以上内容进行总结：

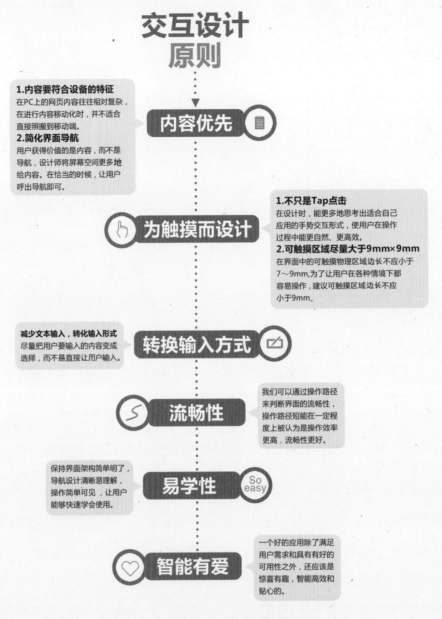

# 交互设计
## 原则

**1.内容要符合设备的特征**
在PC上的网页内容往往相对复杂，在进行内容移动化时，并不适合直接照搬到移动端。
**2.简化界面导航**
用户获得价值的是内容，而不是导航，设计师将屏幕空间更多地给内容。在恰当的时候，让用户呼出导航即可。

**内容优先**

**为触摸而设计**

**1.不只是Tap点击**
在设计时，能更多地思考出适合自己应用的手势交互形式，使用户在操作过程中能更自然、更高效。
**2.可触摸区域尽量大于9mm×9mm**
在界面中的可触摸物理区域边长不应小于7～9mm,为了让用户在各种情境下都容易操作，建议可触摸区域边长不应小于9mm。

**减少文本输入，转化输入形式**
尽量把用户要输入的内容变成选择，而不是直接让用户输入。

**转换输入方式**

**流畅性**

我们可以通过操作路径来判断界面的流畅性，操作路径短能在一定程度上被认为是操作效率更高，流畅性更好。

保持界面架构简单明了，导航设计清晰易理解，操作简单可见，让用户能够快速学会使用。

**易学性** So easy

**智能有爱**

一个好的应用除了满足用户需求和具有有好的可用性之外，还应该是惊喜有趣，智能高效和贴心的。

图 3 – 15　交互设计原则

**思考题**

1. 说说你对交互设计的认识和理解。

2. 通过本章对交互设计原则的学习,再次阐述你对扁平化设计的理解。

3. 在使用以用户为中心的交互设计方法时,如何更好地做到以用户为中心？

**课程训练**

利用本章介绍的四种交互设计方法对自己手机里的应用进行分类。

具体要求：

（1）分析这四种类型应用的异同；

（2）分析应用所运用的交互设计原则；

（3）写出分类报告。

# 第 4 章

# 移动端 APP 的开发流程

## 4.1　调研

### 4.1.1　用户需求

　　宽泛地讲,需求来源于用户的一些"需要",这些"需要"被分析、确认后形成完整的文档,该文档详细地说明了产品该做什么或者说必须做什么。

　　我们所面临的问题是用户说不清需求,有些用户真的不知道自己的需求是什么,或者对需求只有朦胧的感觉,当然也就说不清楚需求。例如开发方的营销人员水平比较高,他能够在用户不清楚自己需要什么的情况下引导用户消费,同样,作为交互设计师也需要有这样的能力,在用户表达不清楚自己的需求时,可以引导用户来使用我们所设计出的一个网站或者是一款应用。比如买鞋子,我们非常了解自己的脚,但通常还是拿鞋子去试,试穿感觉到舒服才会买。所以这就是我们需要进行需求分析的必要性。

　　我们在这一阶段的主要任务通过调查与分析,挖掘出用户的认知需求、行为需求和潜在需求,发现一些有价值的、有用的、可靠的信息,如图 4 - 1 所示。

图 4 - 1　挖掘用户需求

同时，我们不妨尝试回答以下问题：

（1）我们为什么要做这个产品？

（2）用户是谁？

（3）他们的特征是什么？

（4）他们的需求是什么？

（5）他们要进行的任务是什么？

### 4.1.2 以用户为中心的需求分析

1. 用户细分

设计时应该考虑不同类型的用户群，然后锁定目标用户，如图4-2所示。

图4-2　锁定目标用户

用户细分通常使用的方法有：

（1）人口统计学方法：性别、年龄、教育水平、收入等；

（2）心理学统计方法：记录用户的心理因素。

还有一些延伸方法，例如：

（1）用户对技术和应用本身的观点（重要属性）；

（2）用户每天多长时间使用网络？可以从以下几个问题入手进行分析，例如：电脑、iPad、手机等移动终端是他们日常生活的一部分吗？他们喜欢和技术打交道吗？他们总是有最新最好的硬件吗？等等。

2. 聚焦用户

通过用户细分，确定了产品的目标用户后，在产品开发的每一个环节中，都要把用户列入考虑范围内，时刻聚焦在用户身上。

（1）考虑用户体验；

（2）把用户分为各个组成要素；

（3）从不同的角度来了解用户。

用户体验很重要，最大的理由是：它对用户很重要。我们需要考虑所开发的一款APP应用看起来怎么样、它如何运转、它能让用户做什么。

3. 如何获取用户需求

获取用户需求的方法有观察法、问卷法、焦点小组等多种,如图4-3所示。

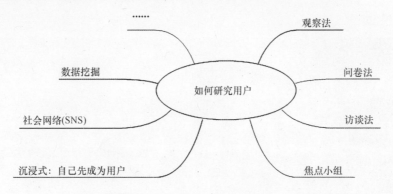

图4-3 获取用户需求的方法

下面我们来具体认识和分析每一种方法:

(1)观察法:是指研究者根据一定的研究目的、研究提纲或观察表,用自己的感官和辅助工具去直接观察被研究对象,从而获得资料的一种方法(图4-4)。

图4-4 观察法

(2)问卷法:是由一系列问题构成的调查表收集资料以测量人的行为和态度的心理学基本研究方法之一(图4-5)。

首先,在调查之前应该起草需求调查问题表,将调查重点锁定在该问题表内,否则调查工作将变得漫无边际。问题表可以有多份,随着调查的深入,问题表将不断地被细化。

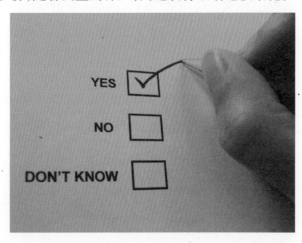

图4-5 问卷法

（3）访谈法：是指通过访员和受访人面对面地交谈来了解受访人的心理和行为的心理学基本研究方法。使用该方法需要注意的是访谈的地点和环境要轻松，如图4-6所示，因为在紧张的氛围下，会影响访谈对象的真实想法。

图4-6　访谈法

在进行访谈之前最好提前拟定一个访谈脚本，如图4-7所示。

**拟定访谈脚本**

# Serkan Piantino谈Facebook的扩展

受访者 Serkan Piantino 作者 Daniel Doubrovkine 发布于二月 20, 2013

1. 大家好，我是Daniel Duobrovkine，我现在在QCon 2012的现场，在我身边的这位是Serkan Piantino。Serkan，很荣幸你能接受我们的采访，谢谢。你能简单的介绍下自己吗？

好的，如你所说，我叫Serkan Piantino，是Facebook的一名软件工程师。今天我将要跟大家详细探讨一下在我协助构建News feed基础架构的过程中所做的一些细节工作。最近，我在负责纽约新开设工程办公室的筹建工作。

2. 从我的理解来看，News feed应该是一个非常庞大的工程项目，而且拥有相当多的用户。世界上大概有6%的人口都是你们的用户，对吗？

是的，确实如此。

3. 我一直以来的工作也与系统相关，但是我处理的那些系

12%　　　下一篇文章：Horia Dragomir谈论移动设备上的HTML5

图4-7　访谈脚本

（4）焦点小组：是由一个经过训练的主持人以一种无结构的自然的形式与一个小组的被调查者交谈，如图4-8所示。

焦点小组的优点是能够很好地发挥群体的力量，挖掘群体的智慧，可以获得不同的需求，如图4-9所示。

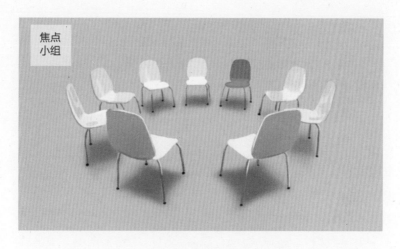

图 4-8　焦点小组

图 4-9　发挥群体动力

（5）沉浸式：让自己先成为用户，如图 4-10 所示。

（6）社会网络：通过社交网络等网络手段获取需求，如图 4-11 所示。

**超级用户**

图 4-10　沉浸式方法

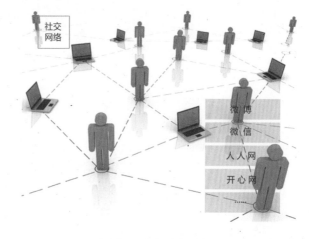

图 4-11　社交网络

（7）大数据/数据挖掘：利用大数据进行数据分析，从而获得用户需求，如图 4-12 所示。

（8）情景模拟法：模拟现实生活中的真实场景，如图 4-13 所示的一些场景。

通过真实的情景模拟后，需要做出判断，如图 4-14 所示，进而得出用户需求。

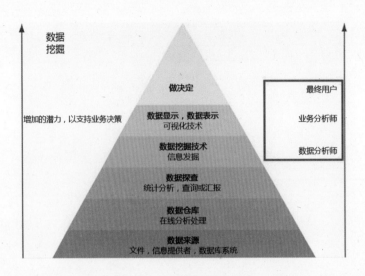

图 4 - 12 大数据/数据挖掘

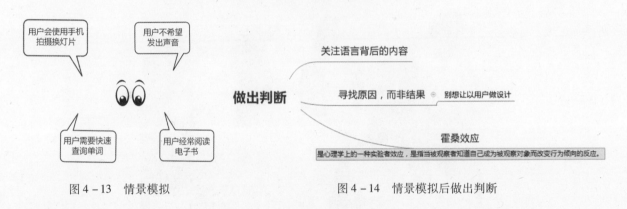

图 4 - 13 情景模拟                    图 4 - 14 情景模拟后做出判断

### 3. 收集需求

利用以上方法获得需求之后,就需要将得到的需求进行收集和整理,包括以下几个方面:

(1) 人们讲述的,他们想要的东西;

(2) 用户实际想要的东西;

(3) 人们不知道他们是否需要的特性——潜在需求。

### 4. 确定需求的优先级

将用户需求收集整理以后,接下来需要做的就是分析这些需求的优先级,例如划分为"高、中、低"三级。一般地,由用户和开发方共同确定需求的优先级。先做优先级高的需求,后做(甚至放弃)优先级低的需求,这样可以将风险降到最低。具体需要考虑的问题如下:

(1) 排列出哪些功能应该包含到项目中去;

(2) 实现这些需求的可行性有多大(技术、资源、时间等);

(3) 与技术人员沟通;

(4) 与管理层谈判,与管理层确定战略而不是实现这个目标的各种手段。

### 5. 可行性研究

在需求优先级分析阶段,会涉及可行性方面的研究,可行性研究不是解决问题,而是确定问题是否值得去解决,是否有可行的解决办法。在分析方案的可行性时,可以从以下几个方面进行分析:

(1) 技术的可行性——使用现在的技术是否能实现这个方案;

（2）经济的可行性——这个方案的经济效益是否能超过它的开发成本,是否需要太多资源,人力物力是否超出了我们的能力范围;

（3）操作的可行性——方案的操作方式是否符合人们的使用习惯;

（4）运行的可行性——方案的运行方式是否可行,是否存在复杂的或难以实现的编程问题;

（5）时间的可行性——是否需要太多的时间,已经远远超过了我们的开发周期;

（6）法律的可行性——方案是否侵害他人、集体或国家利益,是否存在版权问题,是否违反法律。

6. 撰写用户需求文档

分析得出用户需求后,最后需要撰写一份用户需求文档,撰写时也有一些规则和注意事项:

（1）APP 应用由哪些功能组成及具体内容,具体并尽可能地详细描述清楚状况;

（2）避免主观的语气,保持语义明确,避免歧义;

（3）内容需求（内容清单）:确定文本的内容、字数、图片的像素等基本元素;确认某个人来负责某一个内容元素;日常维护工作;每一内容元素的更新频率;如何呈现它们等。

## 4.2　信息架构

在 4.1 节,我们已经对需求分析进行了详细的介绍,现在主要来看信息架构部分。根据产品定位和用户分析,交互设计师需要确定移动端 APP 的信息架构,即应用的信息组织结构。它的任务就是在信息与用户之间建立一个通道,使用户能够获取到其想要的信息。一个有效的信息架构方式,会根据用户在完成任务时的实际需求来指引用户一步一步地获得他们需要的信息。如图 4 – 15 所示为一款会务系统 APP 的信息架构图。

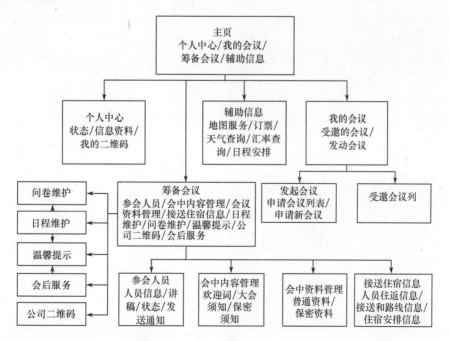

图 4 – 15　会务系统的信息架构图

根据信息与用户之间的关系,可以把信息架构分为四种类型:

（1）浅而广,例如:淘宝,如图 4 – 16 所示。

（2）浅而窄，例如：雅虎天气，如图4－17所示。

图4－16　淘宝客户端　　　　　　　　　　图4－17　雅虎天气

（3）深而广，例如：知乎，如图4－18所示。

图4－18　知乎

（4）深而窄，例如：微博，把若干页面分成首页、消息、添加等几类，如图4-19所示。

图4-19　微博手机端界面

## 4.3　页面流程与线框原型

信息架构分析完成后，进入设计的第一步，即设计页面流程。在对细化了的功能进行分解后，就要开始安排每个界面的具体流程和界面当中应该有什么样的输入/输出的信息，以满足当前步骤的需求。比如在登录界面中应当有用户名、密码等信息输入框以及登录等功能键，如图4-20所示。在此阶段还需要定义清楚产品的交互规则，如一致性、操作细节、内容信息架构等的关系。

图4-20　信息架构

页面流程是上一步信息架构的自然转化。一般来说，一个主要任务或功能就是一个页面，其他子任务也可以转化为页面。页面流程是设计的开始，也是重要的一环。它决定整个界面的信息架构和操作逻辑。这个阶段设计师最好的工具就是笔和纸，应多动手画一些线框图，如图4-21所示。在画的过程中会不断地发现问题，同时也会激发设计师的灵感。纸质版的线框图提高了方案的灵活性、速度和易用性,而且让人在讨论时不会很拘谨。

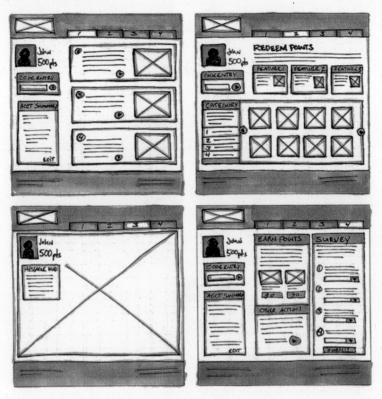

图 4 – 21　线框图

从多个纸质版线框图中选取一种方案,或者多个方案进行综合,把所有这些界面链接成一个可操作的原型,即低保真原型,进行测试,并把这个原型交给客户确认。通常到这个时候,客户就可以直观地看到和使用这个 APP 产品了,如图 4 – 22 所示,而且他们可以很容易判断,这是否是他们想象的产品需求,差距在哪里。此阶段的主要目的是为了进行可用性测试,不断地进行调整,优化方案。

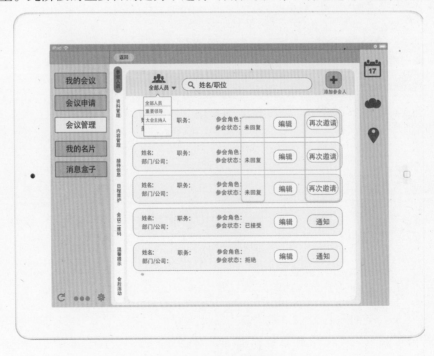

图 4 – 22　低保真原型

## 4.4　视觉设计和高保真原型

当用户确认线框原型之后，就可以开始进入视觉设计了。关于如何进行视觉设计，在后几章会详细介绍。

一旦基本概念、产品形式和页面流程通过低保真的方法被制作出来，视觉设计也完成后，就该集中精力做高保真原型了。创建高保真原型需要在时间和资源上更认真地投入。

当精细制作高保真原型时，美学就比较重要，也就是说视觉设计阶段是很重要的。高保真原型和用户购买或使用到的产品几乎没有区别，如图4－23所示。高保真原型看起来越不像原型，反馈就会越准确。对于复杂的功能，设计师越能丰富、完整地制作高保真原型就越好。

图4－23　高保真原型

需要注意的是，高保真原型，仅仅是个原型而已，而不是最终的产品。

## 4.5　制作 APP 原型工具的介绍

在开发的早期阶段，原型设计无疑是很重要的，这也是详查和分解应用最简单最低成本的阶段。在设计过程中使用原型的优点很多，如很容易创建、便于讨论、可以在早期发现设计问题降低成本、对可用性测试非常有用等。以下介绍几种常用的制作原型的工具。

1. Form

Form 是一款配合了 iOS 预览应用的 Mac 视觉编辑器，可以帮助设计师和开发者在无需编写代码的情况下，制作 demo 原型。Form 并非应用开发工具，用户无法借此开发出能够独立运行的应用，只能设计原型,以便了解潜在的设计方案是否符合自己的设想。如果纸面上的应用草图是1,最终编号代码的应用是10,那么 Form 制作的应用原型大约在6左右,如图4－24所示。

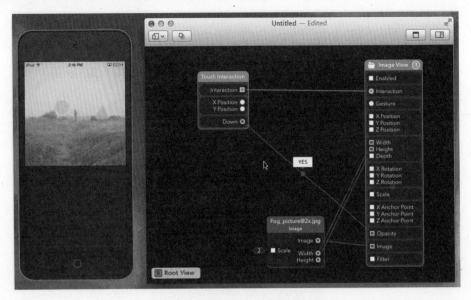

图4－24　Form

### 2. VXPLO 互动大师

VXPLO 互动大师是一款国人自己研发的在线交互设计神器,如图4－25所示,用户可以不需要写任何代码,在线创作自己的交互设计作品,包括网页、微信应用、Web APP、在线广告、交互视频等。在浏览器里打开就能使用,兼容电脑、iPad、手机等各种设备,且在 Windows,Android,iOS 等平台上均能展示。如图4－25所示为 VXPLO 互动大师的首页。

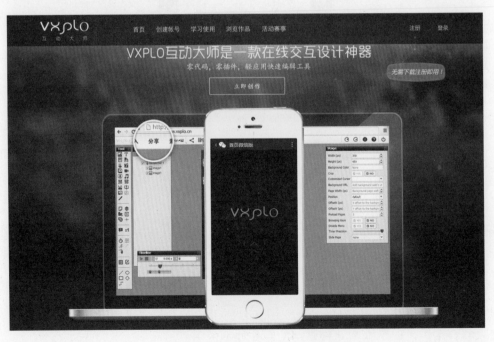

图4－25　VXPLO 互动大师的首页

### 3. Epub360

Epub360 是为设计师精心打造的交互设计工具,无需编程便可在线创建电子杂志、微信作品、商业展示等交互内容,并可通过 Web 及 APP 发布。如图 4 - 26 所示为 Epub360 的首页。

图 4 - 26　Epub360 的首页

4. Axure RP 7.0

　　Axure RP 是美国 Axure Software Solution 公司旗舰产品,是一个专业的快速原型设计工具,可以帮助负责定义需求和规格、设计功能和界面的专家快速创建应用软件或 Web 网站的线框图、流程图、原型和规格说明文档。作为专业的原型设计工具,它能快速、高效地创建原型,同时支持多人协作设计和版本控制管理。Axure 的界面如图 4 - 27 所示,Axure 更适合做 Web 原型。

图 4 - 27　Axure 的界面

**思考题**

　　思考低保真原型和高保真原型的不同之处,强调低保真和高保真的目的何在?

**课程训练**

　　设计课题:公交信息交互平台设计

具体要求：

1. 分小组（建议每组 4~5 人，可根据实际情况而定）。

2. 用户调研：

（1）小组通过问卷调查、用户访谈等方法获取用户需求；

（2）进行需求分析，得出用户需求，确定用户需求的优先级；

（3）同时对同类的应用进行竞争分析；

（4）写出用户需求分析文档。

3. 内容策略：

（1）通过前期的需求分析，讨论此平台所需要包括的内容，进行资料搜集，建立内容素材库；

（2）根据搜集的大量资料，挑选确定此平台所需要的内容；

（3）撰写此平台的内容功能文档（简述该平台具有的功能和具体内容）。

4. 信息架构：根据确定的内容和功能，分析确定内容和功能的优先级，制作出信息架构图。

5. 低保真原型：根据信息架构图画出纸质版的线框图，对每一个页面进行初步设计，组员可分工进行，每人负责几个页面，内容包括：

（1）确定屏幕大小；

（2）界面内容和交互方式；

（3）设计交流。

要求：每小组介绍时间为 3 分钟，提问两分钟，请提前准备好 PPT 文件。

6. 高保真原型：

（1）小组内进行交流讨论，在低保真的基础上，对自己负责的界面进行高保真原型设计；

（2）从主界面到每一级界面的操作流程，可以进行操作演示，完成小组设计报告。

7. 成果展示：

（1）展示内容包括：小组设计报告、操作展示高保真原型；

（2）介绍时间 3 分钟，请提前准备好需要展示的文件；

（3）各组互相提问评价。

8. 作业要求：

（1）小组设计报告一份（PPT 或 WORD 文档），包括：

① 课题名称；

② 目录；

③ 小组成员介绍（照片、姓名、分工）；

④ 进度安排；

⑤ 需求分析；

⑥ 内容分析；

⑦ 信息框架图；

⑧ 低保真原型方案。

（2）高保真原型最终演示文件一份。

# 第 5 章

# 界面设计中的版式设计

版式设计即排版设计,亦称版面编排设计。所谓编排,即在特定的版面空间里,将版面构成要素——文字字体、图片图形、线条线框和颜色色块诸因素,根据特定内容的需要进行组合排列,并运用形式原理,把构思与计划以视觉形式表达出来。

## 5.1 界面设计中版式设计的形式美规律

形式美的规律是多样统一性。造型中的美是在变化和统一的矛盾中寻求"既不单调又不混乱的某种紧张而调和的世界",简单地说就是——"变化"中求"统一"。

1. 主次关系

但凡设计都有主题,而且只有一个主题,只有一个主要表现的位置。但并不是说其他部分不重要,而是在创作中处理手法的主次要分明,表现出主要、其次、再次的关系,要有能抓住人们眼球的要素。如图 5 – 1 所示,界面中心很引人注目,整个界面的主次关系很明确。

图 5 – 1 主次关系明确的界面

## 2. 虚实对比

这里说的虚实是相对的。在建筑中,虚与实的概念是用物质实体和空间来表达的,如墙、地面是"实"的,门、窗、廊是"虚"的,同样在界面设计中也要虚实得体,如图5-2所示。

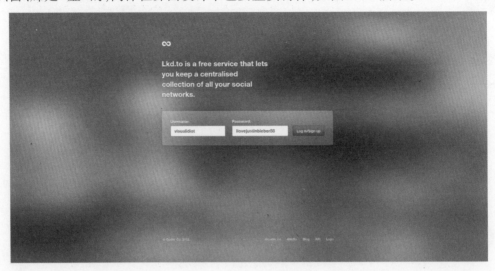

图5-2　虚实对比界面一

现在有很多的网页或应用的启动页面的背景设计都会采用半透明或模糊的图片、场景等,将其想要表达的主题放在半透明的背景上会更清晰,更有层次感,如图5-3所示。

图5-3　虚实对比界面二

## 3. 比例尺度

比例是形体之间谋求统一、均衡的数量秩序。比较常用的有黄金分割点比 1:1.618,此外还有 1:1.3的矩形常用于书籍、报纸,1:1.6 常用于信封和钱币,1:1.7 常用于建筑的门窗与桌面,1:2、1:3 也常用。在设计过程中,不一定非得遵守某条定则或比例,也需要根据现代社会大众的审美进行综合考虑。

尺度则是指整体与局部之间的关系,以及和环境特点的适应性。同样体积的物体,水平分割多会显高,其视觉高度要大于实际物体高度;反之,则显低,给人的感觉比实际尺度小。因此尺度处理要恰当,否则会使人感到不舒服,也难于形成视觉美感。

如图5-4所示的界面中人物的比例尺度处理得就很得当,比例适中,没有过大或过小,看上去很舒服。

图5-4　比例尺度适中的界面

4. 对称与均衡

在美学中,对称与均衡是运用最广泛的,也是最古老普通的规律之一,同样,在界面设计中也不可忽视对称与均衡的美学规律。对称是指中轴线两侧形式完全相同。均衡则是指视觉上的稳定平衡感,过于对称显出了庄严、单调、呆板的性格,均衡则不同,它追求一种变化的秩序,对称与均衡的法则在各种情况下有不同的适用性,关键还是在于设计师的适当选择和应用,将此法则灵活运用。

如图5-5所示的界面设计采用完全对称的手法,稳定平衡感很强,中间的三种色彩同时又打破了整个界面的单调和呆板。

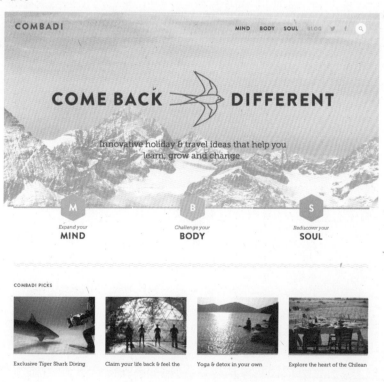

图5-5　对称与平衡界面一

在图 5-6 所示的界面中,同样也是运用了对称与平衡的手法,但并非是中规中矩的完全对称。

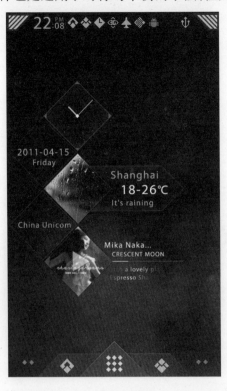

图 5-6　对称与平衡界面二

5. 对比与调和

对比是两者的比较,如美丑、善恶、大小等都显示了对比的法则。在设计中,对比的目的在于打破单调,造成重点和高潮。对比的类别有明暗对比、色彩对比、造型对比及质感肌理的对比等。对比法则含有类似矛盾的现象,然而此种矛盾能够表达美感要素,对比是从矛盾的因素中求得的良好效果。

调和是指两种或两种以上的物质或物体混合在一起,彼此不发生冲突。调和是通过明确各部分之间的主与次、支配与从属或等级秩序来达到的,在视觉上有形式调和、色彩调和和肌理调和等,这是人类潜在的美感知觉。调和是庄严、优雅而统一的,然而有时也会产生沉闷单调以及无生动感的效应。

在主体设计中,为了形成一定的视觉显著点(亮点),多采用少调和(没有调和)多对比的形式,或巧妙利用某种不调和的方法,来产生美感效果。

如图 5-7 所示,界面中红色与绿色的对比,然后用黑色来进行调和。

6. 节奏与韵律

节奏与韵律是指由于有规律的重复出现或有秩序的变化,激发起人们的美感联想。人们创造的这种具有条理性、重复性和连续性为特征的美称为韵律美。节奏和韵律在连续的形式中常会体现在由小变大、由长变短的一种秩序性的规律。在设计中常用的处理方法是在一个面积上做渐增或渐减的变化,并使其变化有一定的秩序和比率,所以节奏韵律与比例就产生了一定的关联。其形式有:

(1)重复:以一种或几种要素连续重复地排列而形成各要素间保持恒定的距离和关系,如图 5-8 所示。

(2)渐变:连续的要素在某方面按某种秩序变化,比如渐长或渐短、间距渐宽或渐窄等,显现出这种变化形式的节奏或韵律为渐变,如图 5-9 所示。

图 5 - 7　对比与调和

图 5 - 8　重复

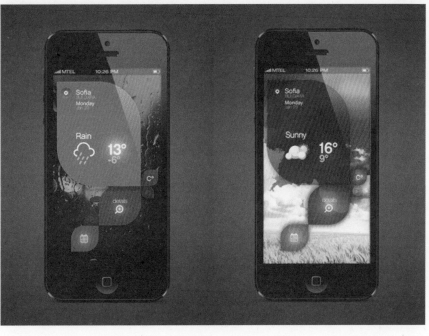

图 5 - 9　渐变

（3）交替：连续的要素按照一定的规律时而增加时而减小，或按一定的规律交织穿插而形成，节奏和韵律可以加强整体的统一性，又可以获得丰富多彩的变化，如图 5 - 10 所示。

7. 量感

量感有两个方面，即物理量和心理量。物理量绝对值是真实大小、多少、轻重等。心理量是心理判断的结果，指形态、内心变化的形体表现给人造成的冲击力，是形态抽象物化的关键。创造良好的量感，可以给主题带来鲜活的生命力。

如图 5 - 11 所示为采用物理量的界面。

在图 5 - 12 所示界面中，体现的就是心理量，视觉冲击力较强，感觉整个画面中的东西往外飞。

8. 空间感

空间感包括两个方面，即物理空间和心理空间。物理空间是实体所包围的，可测量的空间。心理

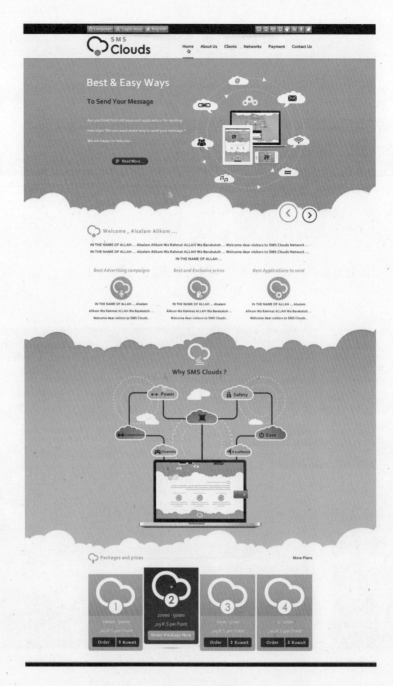

图 5 – 10　交替

空间来自于对周围的扩张,是没有明确的边界却可以感受到空间。创造丰富的空间感可以加强主题的表现力。

如图 5 – 13 所示界面中的空间就是可测量的空间,人们可以通过目测得知距离的远近。

如图 5 – 14 所示界面中的元素已经超出了整个界面的边界,给人足够的想象力,丰富了整个界面的空间感。

9. 尺度感

"尺度"不同于"尺寸",尺寸是造型的实际大小,而尺度则是造型局部大小同整体及周围环境特点的适应程度,通过不同的尺度处理,可获得夸张或亲切等不同效果。

如图 5 – 15 所示,将产品或产品的局部放大,会获得不一样的视觉冲击力。

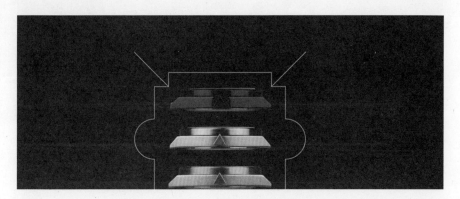

图 5 - 11　量感界面(一)

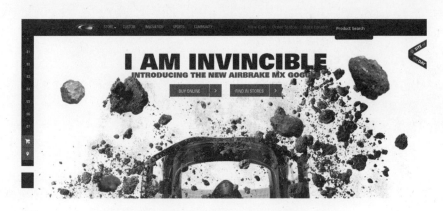

图 5 - 12　量感界面(二)

图 5 - 13　空间感界面(一)

图 5－14　空间感界面(二)

图 5－15　尺度感

## 5.2　界面设计中版式设计的视觉规律

视觉流程是一种视觉空间的运动,是人们阅读信息的先后过程,它引导读者的视线进入一个组织有序、主次分明、条理清晰、传达迅速、流畅的视觉信息空间中,并按设计者的意图接收信息。组织合适的视觉流程,追求形式上的完美则是版式设计成功与否的关键。

### 5.2.1　视觉流程设计的基本原则

1. 抓住重点

要在瞬息间抓住人们的视线,引起人们的惊觉和关注,首先画面要有刺激性的重点。设计时,应牢牢抓住这一重点(如动人的情感、新奇的形态、迷人的色彩、鲜明的夸张等)不放,并布置在最突出的空间范围内。如图 5－16 所示的界面就能在瞬间抓住人们的视线。

2. 信息简明

将图形、文稿、色彩等各视觉传达要素,依据战略性内涵,做严谨的功能处理,以求达到信息简明、流程简化、传达迅速的效果。如图 5－17 所示的界面信息简单明确,一目了然。

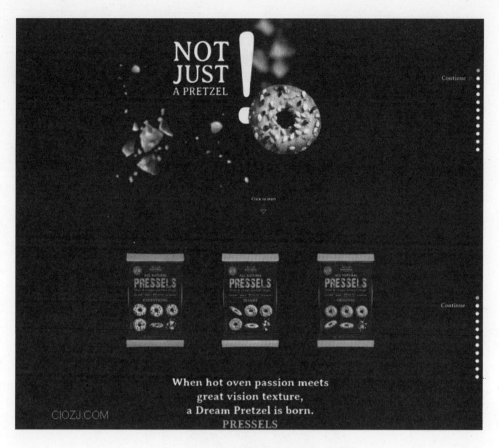

图 5-16  抓住重点的界面

### 3. 突出形象

留存印象的基本方法是强化形象,突出标题,突出要表达的重点。如图 5-18 所示,让人们一眼就可以就得知是和天气有关的 APP 或网站。

图 5-17  信息简明的界面                 图 5-18  突出形象的界面

### 4. 导向明确

为了使视觉流程简捷、有力,往往要借助视线的明确导向,如人的朝向、手势、动势、眼神、文字排列趋向、线条或色块的趋向等,使视觉传达要素主次分明地串联起来,焦点集中,重点突出。如图 5 – 19 所示,整个界面的导向很清晰,可以引导用户完成任务。

图 5 – 19 导向明确的界面

## 5.2.2 视觉中心与视觉流程

视觉中心与一般的几何中心有所不同,从视觉阅读的心理分析上来看,我们往往把版面中心偏上的位置称为视觉中心。如果将编排设计所要表达的主要信息安排在这一区域,再把其他次要信息按照一定的逻辑关系与形式美的法则去进行编排设计就会达到良好的效果。

### 1. 最佳视觉区域

最佳视觉区域是指画面上最引人注目的区域。画面视觉规律为上侧的视觉诉求力强于下侧,左侧的视觉诉求力强于右侧。因此,画面左上部和中上部称为“最佳视域”。设计中要突出的信息,一般编排在这些方位上,如大多数报刊的刊名也均编排此方位上。如图 5 – 20 所示,蓝色部分为画面的最佳视觉区域和视觉中心。

### 2. 黄金分割率

在界面设计中也经常会用到黄金分割率,如图 5 – 21 和图 5 – 22 所示。

### 3. 阅读习惯与视觉流程

人们阅读平面作品时,其视线有着一种自然的流动习惯,普遍都是由左到右,由上到下,如图 5 – 23 所示。由左上沿着弧形线向右下方流动的过程中,其注意值逐渐递减。人们的视觉走过的这条流动的线称为“视觉流程”。

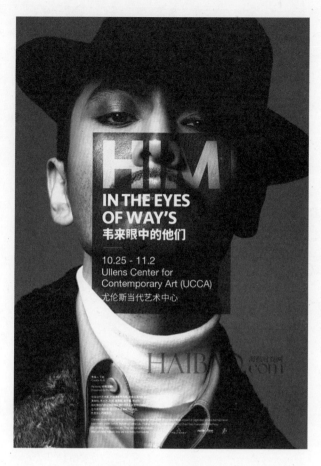

图 5 – 20　杂志封面

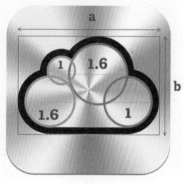

图 5 – 21　黄金分割率图(一)

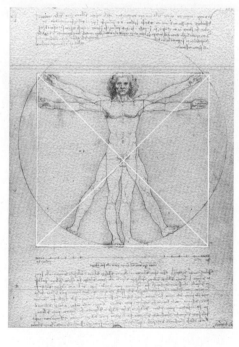

图 5 – 22　黄金分割率图(二)

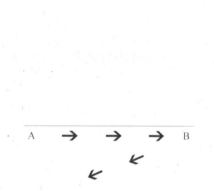

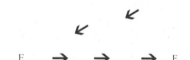

图 5 – 23　阅读习惯

　　由左到右、由上到下等是视觉流程的一般规律,通过巧妙的编排与设计,"视觉流程"是可以改变的,如平行线,可使视线左右流动,垂直线可使视线上下流动,倾斜线可使视线不稳定流动。

　　利用阅读习惯进行视觉流程的设计,是一种常规的视觉流程设计方法。人们在阅读的过程中,通常的阅读习惯是按从上至下、从左至右的顺序进行。根据这种习惯,在编排中将信息按主次分序排列,使内容表达一目了然,如图5-24所示的编排方式或许被认为缺乏新意,但通过对文字和色彩的处理设计后的新面貌仍然会展现出来。

图5-24　网页界面

### 5.2.3　视觉流程设计方法

1. 对比构成与视觉流程

在编排设计中利用对比的手法来突出主题,能改变读者常规的阅读习惯,从而使读者沿着设计的视觉流程依次阅读。对比的方式有很多,如通过形态、大小、疏密、色彩、字体等对比关系来强调主次,还有通过加大主题与周边的留白来突出主题形象,这样可以摆脱设计的平庸和刻板的表现。对比产生层次,这种层次也就是设计者为阅读者设计的视觉流程,如图5-25所示。

2. 呼应构成与视觉流程

设计中的呼应构成元素有文字、字体、字号、对齐、方向和图形形态的大小以及色彩的呼应,它是创建视觉流程的重要手段。利用共性带来的相互呼应,使读者习惯性地将具有共性的视觉元素联系到一起,在阅读的先后上有很强的引导性。这种自觉、跳跃地获取信息的过程,如果在心理上产生良好的效果,这个视觉流程的设计就是成功的,如图5-26所示。

3. 信息群组与视觉流程

信息群组就是要求在编排设计中,将所要传达的不同信息,通过群组分成几个层次,并按照主次进行富有创意的编排。其目的是避免在信息传达和阅读的视觉流程上产生混乱,使之井然有序。在编排

图 5 - 25　对比构成　　　　　　　　　　　　图 5 - 26　呼应构成

的构成方面,可把群组中的元素在视觉上做一定的对比,如疏密、强弱;或在空间关系上进行创意组合,如透叠、复叠、连接,也可以通过色彩来进行调和、呼应,使得群组之间的关系具有整体性和层次感,如图 5 - 27 所示。

图 5 - 27　信息群组

## 5.2.4　视觉流程的设计形式

1. 单向视觉流程

单向视觉流程使版面的流动线更加简明,一般按照视觉习惯从左到右或从上到下,由主到次具有逻辑性地、有次序地排列,引导读者快速地阅读。这种流程也可具体分为:

（1）横向视觉流程,如图 5 - 28 所示,给人以稳定、恬静之感。

（2）竖向视觉流程,如图 5 - 29 所示,会给人带来坚定、直观的感受。

（3）斜向视觉流程,以不稳定的动态引起关注,如图 5 - 30 所示。

📖 今日看点 TODAY'S FOCUS

**一男子称养母亲28年尽责了**
新闻头条　5小时前

**数十辆车高速路碾过尸体未报警**
新闻头条　4小时前

**自己动手 清理发动机舱**
汽车频道　4小时前

发动机的保养在日常保养中是最重要的一块儿，但保养的过程中并不包含发动机舱的清理。经过风吹雨淋之后，发动机舱只能用"不堪

**宝马328i M旅行版谍照曝光**
汽车频道　3小时前

**奥迪Q2 SUV最新消息曝光**
汽车频道　3小时前

**Tumblr 限制成人内容**
互联网新闻　4小时前

轻博客 Tumblr 动图文化很有名，同样有名的是色情博客，比如著名的"NSFW"标签。昨日 Tumblr 创始人兼 CEO 卡普参加 Colbert 脱口秀，表示他不想扮演 Tumblr 警

**疯狂球迷开坦克碾压死敌汽车**
军事频道　4小时前

46分钟前　4　4小时前

图5-28　横向视觉流程

图5-29　竖向视觉流程

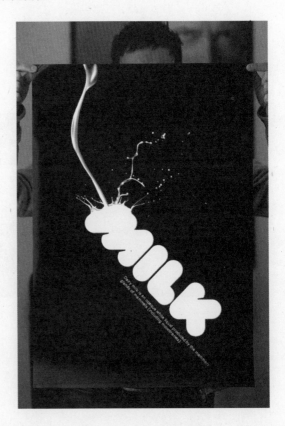

图5-30　斜向视觉流程

## 2. 曲线视觉流程

将编排设计中的各视觉要素随弧线或旋线进行运动化的编排构成,称为曲线视觉流程。这种具有韵味、节奏和曲线美等形式的构成,如图5-31所示,给人以优雅柔美的感受,可营造轻松随意的阅读气氛。在版面上增加深度和动感。

图 5 – 31　曲线视觉流程

### 3. 导向视觉流程

通过点、线、箭头或具体形象的方向性等元素,由主及次地引导读者视线向一定方向顺序运动,这种方式能整合整个版面,使之成为一个整体,并使版面条理清晰、重点突出,而在信息传达方面井然有序。如图 5 – 32 所示,界面中的眼睛就是整个界面的一个导向元素,眼睛会引导人们看到标题,人们第一眼注意到的是这双眼睛,自然地就会将视觉转移到标题上。

图 5 – 32　曲线视觉流程

### 4. 反复视觉流程

将相同或相似的视觉要素做规律、秩序、有节奏的编排处理,这种视觉流程的设计方法称为反复视觉流程,如图 5 – 33 所示。它的主要构成特征是具有韵律和秩序的美,但视觉冲击力上没有单向、曲线和重心流程强烈,应用得不好会产生平淡的感觉。

图 5 – 33　反复视觉流程

## 5. 重心视觉流程

　　这里提的重心指的是视觉心理的重心,设计师可以将主要形象或文字,通过夸张、对比、特异的处理手法独据版面的某一个部位,其重心的位置根据创意设计的构思而定。视觉流程的过程,首先是以版面的重点开始,然后顺沿着主体,重心形象的方向与力度的倾向来发展视线的进程。而向心、离心的视觉运动,同样也是重心视觉流程的设计方法。它们的主要构成特点是:主题鲜明突出、一目了然,具有强烈的视觉感召力,如图 5 – 34 所示。

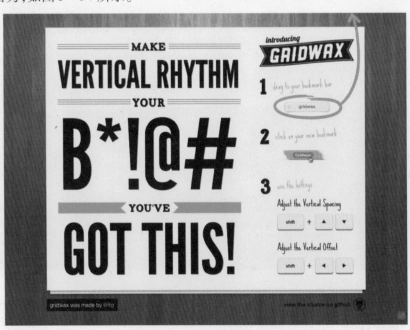

图 5 – 34　重心视觉流程

## 6. 散点视觉流程

　　在编排设计中,将图与图、图形与文字呈现一种非常自由、分散、无序的极具个性化的编排,我们称它为散点视觉流程的设计。它的构成面貌常常体现一种偶合性和随机性,追求新奇、刺激和强烈的空间动感,这是其构成目的。这种自由随意的视觉流程设计,给读者轻松随意的阅读享受,如图 5 - 35所示。

图 5 - 35　散点视觉流程

# 第 6 章

# 界面设计中的文字和图片

文字是界面设计中不可或缺的基本要素。它的概念不仅仅局限于传达信息,在文字与字体的处理上更是一种提高设计品位的艺术表现手段。根据信息内容的主次关系,通过有效的视觉流程组织编排,精心处理文字和文字之间的视觉元素,而不需要任何图形,同样可以设计出富有美感和形式感的成功作品。应该说文字的编排与设计是一个成功设计作品的关键所在。

## 6.1 文字的性格

任何字体都有其独特的风格,有的可以让人感觉现代、古典,柔美、刚毅,迅速、缓慢,稳重、轻盈等。在设计时,通常为表达某种感情而选择字体。对字体情感的产生是因为对某种字体的内在韵律而产生的视觉反应。

字体的形态多种多样,所带来的感觉能体现性格,其实变化也只是体现在各种细节上。

1. 笔画粗细改变字体的性格

如图 6 - 1 所示界面中运用的字体,给人沉稳、强势的感觉。

图 6 - 1　笔画粗的字体

在一行内,粗细笔画对比强烈,有一个视觉跳跃,如图 6 - 2 所示。

字重对比:是指字体笔画的粗细体现出的字体本身的重量。一行字体如果其字母的笔画字重相同,会给人一种均衡、规律并且一致的韵律,如图 6 - 3 所示,带给人稳定可靠的感觉,常用于金融、安防

图 6 - 2　笔画粗细对比强的字体

等行业和企业 Logo,如中文的黑体。

图 6 - 3　笔画的粗细相同

　　笔画对比:笔画的字重发生变化的字体,将带来一种跳跃的感觉,如图 6 - 4 所示,带给人动感、轻松、前卫的感觉,常用于时尚行业,如中文的宋体。

图 6 - 4　字重对比强烈

2. 末梢改变字体的性格

　　如图 6 - 5 所示界面中的字体,末梢的曲线、圆点体现了女性的柔美。

　　无衬线的等线体本来是很稳重的,如图 6 - 6 所示。

　　当字体的衬线和末梢都变得尖锐,立刻就有了速度感,还会带来一种魔幻的感觉,如图 6 - 7 所示。

　　末梢尖锐的字体,末梢越尖锐,越激进,会带来紧迫感,速度感或恐怖感,如图 6 - 8 所示,这种字体常用于赛车游戏或电影海报中。

图 6-5　末梢柔和的字体

图 6-6　无衬线字体

图 6-7　衬线字体

图 6-8　末梢尖的字体

末梢曲线优美的字体,给人以优美高雅的感觉,如图6-9所示。这种字体常用于女性产品和奢侈品。

图6-9 末梢是曲线的字体

## 6.2 界面设计中字体使用的规则

在界面设计中,经常会出现一些问题,例如:

(1)字体样式太多,导致页面杂乱;

(2)使用的字体不易识别;

(3)字体样式或内容的气氛和规范不匹配;

那么怎样会帮助我们避免出现这样的问题呢?

(1)通过设计经验可以帮助我们做出更好的版式;

(2)了解不同平台的常用字体设计规范;

(3)在每个项目设计中只使用1~2个字体样式,而在品牌自己有明确的规范的情况下,只需要一种字体贯穿全文,通过对字体放大来强调重点文案;字体用的越多,越显得不够专业;

(4)不同样式的字体,形状或系列最好相同,以保证字体风格的一致性;

(5)字体与背景的层次要分明;

(6)确保字体样式与色调气氛相匹配。

### 6.2.1 常用的几种字体

在不同平台的界面设计中规范的字体会有不同,像移动界面的设计就会有固定的字体样式,网页中会有常用的几个字体,以下分别加以介绍。

1. 移动端常用字体

IOS:常选择华文黑体或者冬青黑体,尤其是冬青黑体效果最好,常用英文字体是Helvetica系列,如图6-10所示。

Android:英文字体:Roboto,中文字体:Noto,如图6-11所示。

2. 网页端常用字体

1)微软雅黑/方正中黑

微软雅黑系列:在网页设计中这款字体使用得非常频繁,这款字体无论是放大还是缩小,形体都非常规整舒服,如图6-12所示。在设计过程中建议多使用微软雅黑,大标题用加粗字体,正文用常规字体。

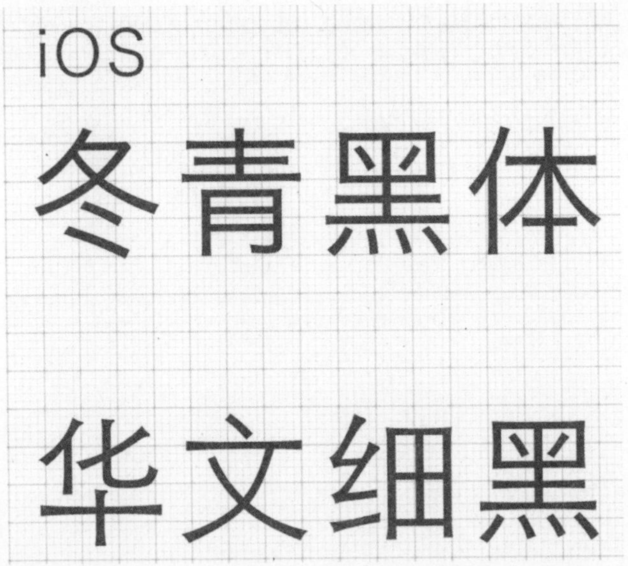

iOS

冬青黑体

华文细黑

图 6 – 10    ios 常用字体

安卓英文字体

Roboto

安卓中文字体

Noto

图 6 – 11    安卓常用字体

方正正中黑系列：如图 6 – 13 所示，中黑系列的字体笔画比较锐利而浑厚，一般应用在标题文字中。但这种字体不适用于正文中，因为其边缘相对比较复杂，文字一多就会影响用户的阅读。

2）方正兰亭系列

整个兰亭系列的字体有大黑、准黑、纤黑、超细黑等，如图 6 – 14 所示。因笔画清晰简洁，这个系类的字体就足以满足排版设计的需要。通过对这个系列的不同字体进行组合，不仅能保证字体的统一感，还能很好地区分出文本的层次。

# 微软雅黑

图 6 – 12　微软雅黑字体

# 方正正中黑

图 6 – 13　方正正中黑字体

# 方正兰亭粗黑
# 方正兰亭中黑
# 方正兰亭黑体
# 方正兰亭纤黑
# 方正兰亭超细

图 6 – 14　方正兰亭系列字体

3）汉仪菱心简/造字工房力黑/造字工房劲黑

这几个字体有着共同的特点:字体非常有力而厚实,基本都是以直线和斜线为主,比较适合广告和专题使用。在使用这类字体时我们可以使用字体倾斜的样式,让文字显得更为活力。在这三种字体中,如图6－15所示,菱心和造字工房力黑在笔画、拐角的地方采用了圆和圆角,而且笔画也比较疏松,更多的有些时尚而柔美的气氛;而劲黑这款字体相对更为厚重和方正,多用于大图中,效果比较突出。

图6－15　汉仪菱心等字体

### 6.2.2　常用的字号

字号是表示字体大小的术语。最常用的描述字体大小的单位有两个:em 和 px。通常认为 em 是相对大小单位,px 是绝对大小单位。

px:像素单位,10px 表示 10 个像素大小,常用来表示电子设备中字体大小。

em:相对大小,表示的字体大小不固定,根据基础字体大小进行相对大小的处理。默认的字体大小为 16px,如果你对一段文字指定 1em,那么表现出来的就是 16px 大小,2em 就是 32px 大小。由于其相对性,所以对跨平台设备的字体大小处理上有很大优势,同时对于响应式的布局设计也有很大的帮助;但缺点是,你无法看到实际的字体大小,对于大小的不同,需要精确的计算。

1. 移动端常用的的字号

导航主标题字号:40～42px,如图6－16所示。偏小的 40px,显得更精致些。

图6－16　导航主标题

在内文展示中,大的正文字号 32px,副文是 26px,小字 20px。在内文的使用中,根据不同类型的 APP 会有所区别。像新闻类的 APP 或文字阅读类的 APP 更注重文本的阅读便捷性,正文字号 36px,会选择性地加粗,如图 6 - 17 所示。

列表形式、工具化的 APP 普遍是正文采用 32px,不加粗,副文案 26px,小字 20px,如图 6 - 18 所示。

图 6 - 17  新闻类 APP

图 6 - 18  列表形式

26px 的字号还用于划分类别的提示文案,如图 6 - 19 所示,因为这样的文字希望用户阅读,但不会抢过主列表信息的引导。

36px 的字号还经常运用在页面的大按钮中。为了拉开按钮的层次,同时加强按钮引导性,选用了稍大号的字体,如图 6 - 19 中的退出按钮。

图 6 - 18  提示文案

图 6 - 18  退出按钮

2. 网页端常用的的字号

网页中文字字号一般都采用宋体 12px 或 14px，大号字体用微软雅黑或黑体。大号字体是 18px、20px、26px、30px。

注意：在选用字体大小时一定要选择偶数的字号，因为在开发界面时，字号大小换算是要除以二的，另外单数的字体在显示的时候会有毛边。常用字号的大小基本就这几个，根据版式设计有时也需要采用异样大小的字号来特殊处理。

### 6.2.3　常用字体的颜色

在界面中的文字分主文、副文、提示文案三个层级。在白色的背景下，字体的颜色层次其实就是黑、深灰、灰色，其色值如图 6 - 19 所示。

在界面中还经常会用到背景色#eeeeee，分割线则采用#e5e5e5 或#cccccc 的颜色值，如图 6 - 20 所示。可以根据不同的软件风格采用不同的深浅，由设计师自己把控。

灰色 #999999　　　　背景颜色 #EEEEEE

深灰色 #666666　　　　分割线 #E5E5E5

深黑色 #333333　　　　分割线深 #CCCCCC

图 6 - 19　常用字体颜色　　　　图 6 - 20　背景及分割线颜色

### 6.2.4　影响字体大小的因素

1. 字体与设备

字体实际表现出来的大小，并非前面介绍的数值那么简单，除此之外，还跟设备和视距有关。设备就是指显示设备的分辨率和屏幕大小，跟前面解释的 em 单位的相对性相同，如果在一块非常大的、分辨率非常低的屏幕（如广场电子屏）上，即使很小的像素，也会显示出很大的字体。

2. 字体与视距

视距就是指使用者看文字的距离，很简单，眼睛离屏幕越远，上面的文字看起来就越小。所以在选择网页或界面中字体大小时，还需要考虑用户的实际使用习惯。同一个网页，在笔记本上、台式电脑和手机上使用时，字体大小就不应该相同。对所有这些都要考虑，才能得到一个合理的大小。

### 6.2.5　字距与行距

字距和行距的把握是设计者对编排形式的心理感受，它能反映出设计的品位。在行距的设计上，一般要求略大于字体大小，常规的比例应为：用字 8 点行距则为 10 点。紧密的行距在段落版面中产生"面"的视觉感，而加大行距则产生"线"的视觉感，如图 6 - 19 所示。

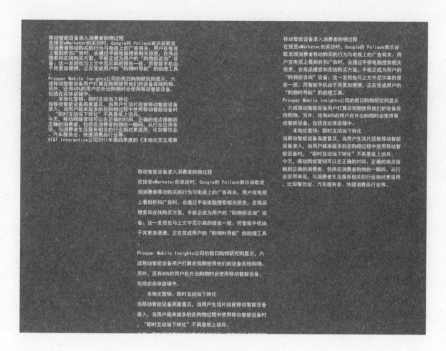

图 6 – 19　字距与行距

　　调整行距是设计师根据作品的需要,更多地是谋求形式感上的变化,产生独特的风格及形式特殊的个性。为了增强版面的空间层次,往往采用拉大、压缩同时并存的手法,在单一中求得变化。

## 6.3　界面设计中图片的处理

　　1. 图片的位置

　　在遵循形式美的法则和达到视觉传达最佳效果的前提下,图片在界面上放置的位置是不受任何局限的,但它的位置直接关系到版面的构图和布局。支配版面的四角和中轴是版面的重要位置,在这些点上恰到好处地安排图片,可以相对容易地达到平衡而又不失变化,在视觉的冲击力上起到良好的效果。

　　(1) 扩大图片的面积,能产生界面整体的震撼力,如图 6 – 20 所示。

　　(2) 在对角线上安置图片要素,如图 6 – 21 所示,可以支配整个页面的空间,能起到相互呼应的作用,具有平衡性。

　　(3) 把不同尺寸大小的图片按秩序编排,显得理性且有说服力,如图 6 – 22 所示。

　　2. 图片的面积

　　图片面积的大小设置,直接影响着版面的视觉效果和情感的传达,大图片一般用来反映具有个性特征的物品,以及物体局部的细节,使它能吸引读者的注意力,而将从属的图片缩小形成主次分明的格局。大图片感染力强,小图片显得简洁精致,大小与主次得当的穿插组合,能使版面具有层次感,这是版面构成的基本原则。

　　(1) 小的图片给人以精致的感觉,图片的大小编排变化,丰富了版面的层次,如图 6 – 23 所示。

　　(2) 将主要诉求对象的图片扩大,如图 6 – 24 所示,能在瞬间传达其内涵,渲染一种平和的直接的诉求方式。

图 6－20　图片位置界面(一)

图 6－21　图片位置界面(二)

图 6 - 22　图片位置界面(三)

图 6 - 23　图片面积界面(一)

（3）扩大图片的面积,如图 6 - 25 所示,并将文字缩小,因此产生强烈的对比,能加强对视觉的震撼力。

3. 图片的数量

图片的数量首先要根据内容的要求而定,图片的多少可影响用户的阅读兴趣,适量的图片可以使版面语言丰富,活跃文字单一的版面气氛,同时也出现对比的格局。在图片需要多的情况下,可以通过均衡或者错落有致的排列,形成层次并根据版面内容来精心地安排,有的现代设计采取将图片精简并且缩小的方式留下大量的空白,以取得简洁、明快的视觉效果。

图 6-24 图片面积界面(二)

图 6-25 图片面积界面(三)

（1）多张图片等量地安排在一个版面上,使用户一目了然地浏览众多的内容。如图 6-26 所示。

（2）将同样大小的多张图片,采用叠加的方式进行组合,如图 6-27 所示,这种前后关系可为设计带来层次感。

（3）精美、独特、单一的图片编排形式,能使版面有视线集中感并且给读者带来高雅稳健的视觉感受,如图 6-28 所示。

4. 图片的组合

图片的组合有块状组合和散点组合两种基本形式。将多幅图片通过水平、垂直线分割整齐有序地排列成块状,使其具有严肃感、理性感、整体感和秩序感的美感;或者根据内容的需要分类叠置,并具有活泼、轻快同时也不失整体感的块状,我们称它为块状组合。

散点组合则是将图片分散排列在版面的各个部位,使版面充满着自由轻快的感觉。这种排列的方法应注意图片的大小、位置、外形的相互关系,在疏密、均衡、视觉方向程序等方面要做充分的考虑,否则会产生杂乱无序的感觉。

图 6 - 26  图片数量界面(一)

图 6 - 27  图片数量界面(二)

（1）将不同大小的图片,有机地构成一种块状,如图 6 - 29 所示,使之成为一个整体。

（2）图片自由的安排,具有轻松活泼的特点,在编排中隐含着视觉流程线,使编排构成散而不乱,如图 6 - 30 所示。

（3）几张相同大小的照片均衡地安排,其中一张突破秩序,产生一种特异的效果,活跃了整个版面,如图 6 - 31 所示。

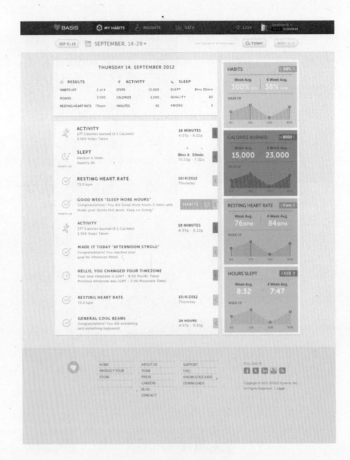

图 6 - 28 图片数量界面(三)

图 6 - 29 图片组合界面(一)

图6-30 图片组合界面(二)

图6-31 图片组合界面(三)

## 6.4 界面设计中文字和图片的处理

文字与图形的叠加,文字围绕画面中图形的外轮廓进行编排,以加强视觉的冲击力,烘托画面的气氛,使文字排序生动有趣,给人以亲切、生动、平和的感觉。

(1)图6-32所示界面中,图片在设计中成为主体,而文字则在图片边缘适当的位置加以精心的编排。

图 6-32 图片和文字处理界面(一)

（2）图片和修饰的有趣并置，如图 6-33 所示，图片上的文字小心翼翼地摆放，为的是避免破坏图片的整体形象。

图 6-33 图片和文字处理界面(二)

（3）将主题文字的一部分叠加在图片上，但又不影响文字的可读性，其他文字采用左对齐或右对齐的编排方式，使设计既具有秩序又富有变化，如图6－34所示。

图6－34　图片和文字处理界面(三)

# 第 7 章

# 界面设计中的色彩

　　色彩给人视觉上造成的冲击力是最为直接与迅速的。作为第一视觉语言,色彩在界面设计中的作用是字体与图像等其他要素所无法替代的。由于对色彩的爱好是人类一种最本能、最普遍的美感,在进行界面设计时,设计师要考虑用户最初一瞬间的色彩感觉,牢牢地捉住他们的眼光,以达到引起关注的目的。

　　当我们看到不同的颜色时,心理会受到不同颜色的影响而发生变化。色彩本身是没有灵魂的,它只是一种物理现象,但是我们长期生活在一个色彩的世界里,积累了许多视觉经验,一旦知觉经验与外来色彩刺激发生一定的呼应,就会在人的心理上引出某种情绪,所以色彩又是主观的、情绪化的。

## 7.1　色彩情感在界面中的应用

　　在设计时,不能单纯凭借自己的喜好去配色,还需要根据产品本身的定位以及标准色和整体的色调而决定,另外还要充分考虑用户使用时的感受。当然色彩的运用不是教条的,并非说购买按钮一定用红色、橙色,而下载按钮一定用绿色。具体的色彩风格需去认真地了解设计需求,根据产品的定位与感觉,如稳重、可信赖、活泼、简洁、科技感等,了解到客户对产品的定位,我们就可以确定如何选择最合适的色彩方向来进行设计。

　　色彩在设计中,也是有一定规律可寻的,例如,食品类的品牌形象一般采用橙色等一些暖色调,科技电子产品的品牌形象色彩一般会用蓝色等,如图 7 - 1 所示。

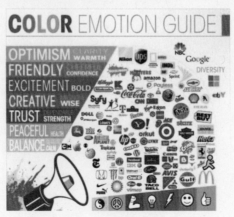

图 7 - 1　色彩的一些运用

就直觉而言,绿色代表着通行、准许通过的意思,而红色则更倾向于警告、阻止意味,如图 7-2 所示。

图 7-2 红色和绿色的运用

因为绿色代表着安全、通行、准许的意思,可以让人感到轻松,缓解压力,所以通常用于开始按钮和下载按钮,如图 7-3 和图 7-4 所示,还有成功提示页面。

图 7-3 绿色的运用(一)

图 7-4 绿色的运用(二)

"电脑管家8"的页面主要选用了蓝色,如图7-5所示。

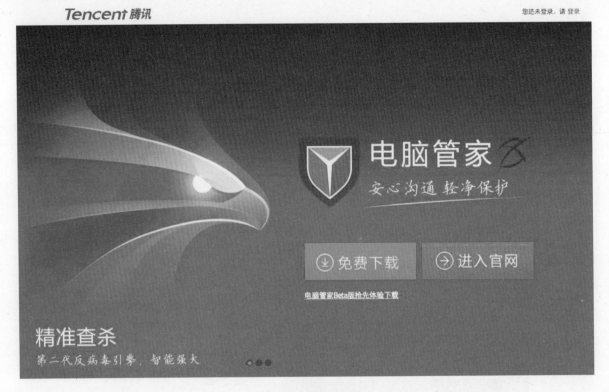

图7-5 蓝色的运用

橙色的呼叫意味浓厚,用于创建下订单、购买、出售的行动,所以红色和橙色一般用于购物网站或APP的购买和支付按钮,如图7-6所示。另外还会用于一些错误提示页面,表示警示提醒注意,如图7-7所示。

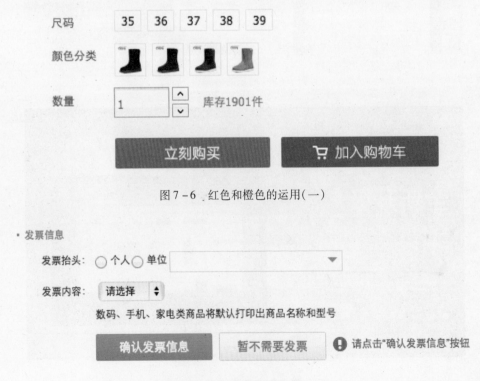

图7-6 红色和橙色的运用(一)

图7-7 红色和橙色的运用(二)

## 7.2 界面中色彩搭配的方法

### 1. 单色

单色是使用一种色调不同的饱和度与亮度,如图 7 - 8 所示。

图 7 - 8　单色

### 2. 近似色

近似色使用色盘中的邻近色调,如图 7 - 9 所示。

图 7 - 9　近似色

### 3. 互补色

互补色是使用色盘中的相反色调，如图 7 – 10 所示。

图 7 – 10　互补色

### 4. 分割互补色

分割互补色是使用一个色调和两个与它的补色邻近的色调，如图 7 – 11 所示。

图 7 – 11　分割互补色

### 5. 三分色阶

三分色阶是使用色盘中的等距三个色调,如图 7 – 12 所示。

图 7 – 12　三分色阶

### 6. 双互补色

双互补色是使用两个色调和它们的补色,如图 7 – 13 所示。

图 7 – 13　双互补色

## 7. 近似互补色

近似互补色如图7-14所示。

图7-14　近似互补色

## 8. 中间色

中间色是使用没有色度的颜色,如图7-15所示。

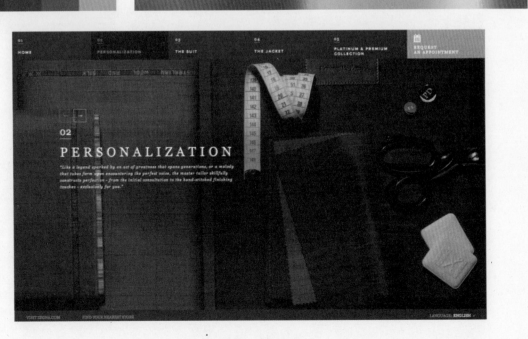

图7-15　中间色

## 9. 突出色

突出色是在没有色调的颜色中突出一个高饱和度的颜色,如图 7 – 16 所示。

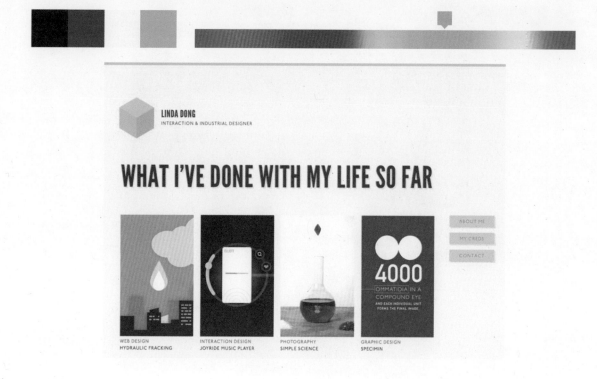

图 7 – 16　突出色

## 10. 暖色

暖色是使用色盘中暖色调的颜色,如图 7 – 17 所示。

图 7 – 17　暖色

## 11. 冷色

冷色是使用色盘中冷色调的颜色,如图7-18所示。

图7-18　冷色

## 7.3　几款色彩搭配的工具

### 7.3.1　色彩搭配工具

#### 1. Kuler

对于 Adobe Kuler,不仅可以其上寻找到预置的配色方案,也可以上传自己喜欢的图片,提取色彩创建属于自己的色板,如图7-19所示。

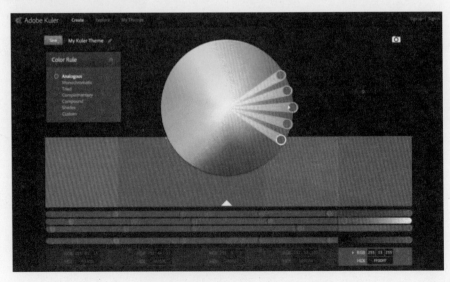

图7-19　Kuler

## 2. Pictalulous

Pictaculous 可以帮助设计者直接从上传的图片中提取出一套配色方案,如图 7 - 20 所示。

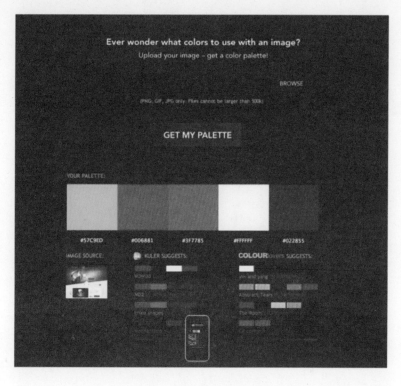

图 7 - 20　Pictaculous

### 7.3.2　颜色拾取工具

#### 1.　color. hailpixel. com

这是一个简单的网页,通过移动光标,网页的背景颜色也会发生变化,只需轻点鼠标就能将你想要的颜色和对应的代码保存在网页的左栏,如图 7 - 21 所示。

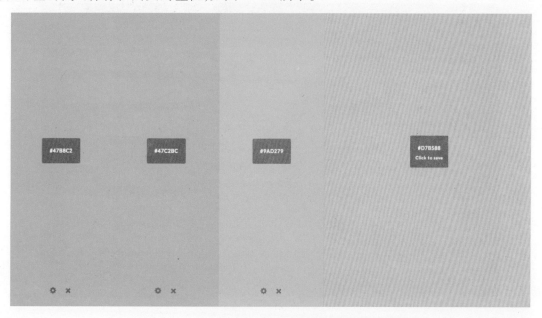

图 7 - 21　color. hailpixel. com

### 2. CSS Color Names

147 Colors 列举了 147 种 CSS 颜色名称,对于设计师和开发人员来说实在是大有帮助,如图 7 – 22 所示。

图 7 – 22　CSS Color Names

### 7.3.3　运用色彩理论的调色盘工具

#### 1. Sphere

Sphere 提供了简单方便的界面,在色轮上选出一种颜色以后,Sphere 会自动生成其他相关颜色供选择,如图 7 – 23 所示。

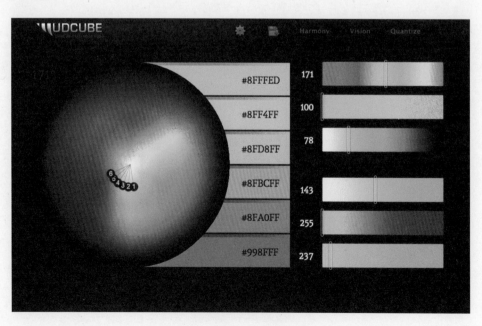

图 7 – 23　Sphere

### 2. Color Scheme Designer

色彩搭配师 Color Scheme Designer，可以通过色相、互补色、类似色等规划出完美的配色，并且除了英文版还有中文版可供大家使用，如图 7 – 24 所示。

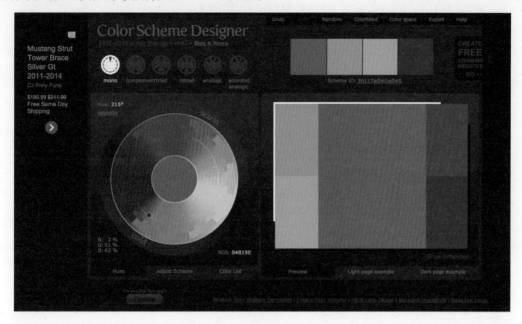

图 7 – 24　Color Scheme Designer

## 7.4　界面中色彩设计方法

### 7.4.1　底色和图形色

配色在实际设计时，我们经常会按照设计的目的来考虑与形态、肌理有关联的配色及色彩面积来确定配色方案。在做配色计划时，我们应该考虑怎么样来突出视觉效果。

一般明亮和鲜艳的颜色比暗浊的颜色更容易有图形效果。因此，配色时为了取得明亮的图形效果必须首先考虑图形色和底色的关系。图形色要和底色有一定的对比度，如图 7 – 25 所示，这样才可以很明确地传达我们要表现的东西。我们要突出的图形色必须让它能够吸引用户的主要注意力，切勿喧宾夺主。

### 7.4.2　整体色调

首先要在配色中心决定占大面积的颜色，并根据这一颜色选择不同的配色方案，得到不同的整体色调，从中选择出我们想要的。只有控制好构成整体色调的色相、明度、纯度关系和面积关系等，才可以控制好设计的整体色调，如图 7 – 26 所示。

不同的色调会给人不同的感受：

（1）暖色和纯度高的颜色作为整体色调——给人以火热刺激的感觉；

（2）冷色和纯度低的颜色作为整体色调——让人感到清冷、平静；

（3）明度高的颜色为主——亮丽而且轻快；

# WE PROVIDE AWESOME DIGITAL SERVICE

Nullam dictum felis eu pede mollis pretium. Cras dapibus. Vivamus elementum se semper nisi. Aenean vulputate eleifend tellus. Aenean leo ligula, porttitor eu, consequat vitae seasne eleifend ac, enim. Aliquam lorem ante, dapibus in, viverra quis, feugiat a, telus. Phasellus viverra nulla ut metus varius laoreet. Quisque rutrum.

图 7 – 25　底色和图形色

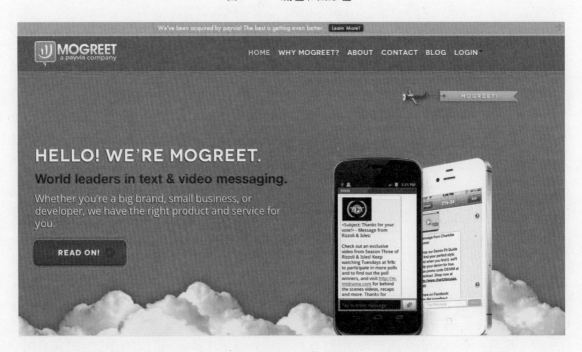

图 7 – 26　整体色调

（4）明度低的颜色为主——庄重,肃穆;

（5）对比色的色相和明度——活泼;

（6）同一色系——稳健;

（7）色相数多则华丽,少则淡雅、清新。

以上几点整体色调的选择要根据我们所要表达的内容来决定。

### 7.4.3  配色的平衡

颜色的平衡就是颜色的强弱、轻重、浓淡这种关系的平衡。这些元素在感觉上会左右颜色的平衡关系。因此,即使相同的配色,也将会根据图形的形状和面积的大小来决定成为调和色或不调和色。一般同类色配色比较容易平衡,如图 7 – 27 所示。

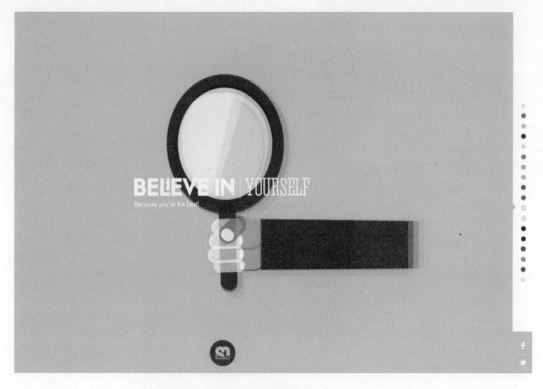

图 7 – 27  配色的平衡

如何取得色彩平衡:

(1)将一个色的面积缩小或加白黑,改变其明度和纯度可以取得平衡,使不调和色变得调和;

(2)纯度高而且强烈的色与同样明度的浊色或灰色配合时,如果前者的面积小,而后者的面积大也可以很容易地取得平衡;

(3)将明色与暗色上下配置时,若明色在上暗色在下则会显得安定。反之,若暗色在明色上则有动感。

### 7.4.4  配色时要有重点色

配色时,为了弥补调子的单调,可以将某个色作为重点,从而使整体配色平衡,如图 7 – 28 所示。在整体配色的关系不明确时,我们就需要突出一个重点色来平衡配色关系。

选择重点色要注意以下几点:

(1)重点色应该使用比其他色调更强烈的色;

(2)应该选择与整体色调相对比的调和色;

(3)应该用于极小的面积上,而不能用于大面积上;

(4)选择重点色必须考虑配色方面的平衡效果。

图 7-28 配色的重点色

### 7.4.5 配色的节奏

由颜色的配置产生整体的调子,而这种配置关系在整体色调中反复出现排列就产生了节奏,颜色的节奏和颜色的排放、形状、质感等有关。由于渐进的变化色相、明度、纯度都会产生变化而且时有规律的,所以就产生了阶调的节奏,如图 7-29 所示。

将色相、明暗、强弱等的变化做几次反复,从而会产生反复的节奏。通过赋予色彩的配置以跳跃和方向感就会产生动的节奏。

### 7.4.6 渐变色的调和

两色或两个以上的色不调和时,在其中间插入阶梯变化的几个色,就可以使之调和,如图 7-30 所示。

图 7 - 29　配色的节奏

图 7 - 30　渐变色的调和

使用渐变色也可以从色相、明度和纯度等方面入手：

（1）色相的渐变像色环一样，在红、黄、绿、蓝、紫等色相之间配以中间色，就可以得到渐变的变化；

（2）明度的渐变：从明色到暗色阶梯的变化；

（3）纯度的渐变：从纯色到浊色或到黑色的阶梯变化。

根据色相、明度、纯度组合的渐变，把各种各样的变化进行渐变处理，从而构成复杂的效果。

### 7.4.7　在配色方面的统调

所谓统调，即为了多色配合的整体统一而用一个色调支配全体，将这个色称为统调色，也就是支配色调，如图 7 - 31 所示。

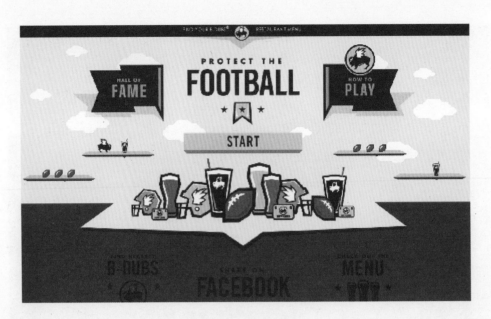

图7-31　配色的统调

色相统调是在各色中加入相同的色相,而使整体色调统一在一个色系当中,从而达到调和。明度统调是加白色或黑色,以使全体色调的明度相似,这样也可以达到调和。纯度统调是加灰色,以使全体色调的纯度相似。

### 7.4.8　在配色方面的分割

两个色如果互相处于对立关系,具有过分强烈的效果,称为不调和色。为了调和它们,在这些色中用其他色把它们划分开来,即分割,如图7-32所示,将用于分割的色称为分割色。

图7-32　配色的分割

由于分割的目的,可以用于分割色的颜色不多,最常用的是白、灰、黑。使用其他彩色进行分割也可以,但要选择与原来色有明显区别的明度,同时也应考虑色相和纯度。

# 参 考 文 献

[1] Jesses James Garrett. 用户体验要素:以用户为中心的产品设计.

[2] Alan Cooper, Robert Reimann, David Cronin.《About Face 3 交互设计精髓》[M]. 北京:电子工业出版社,2012.

[3] Giles Colborne. 简约至上:交互设计四策略.[M]北京:人民邮电出版社,2011.

[4] 李世国,顾振宇. 交互设计[M]. 北京:中国水利水电出版社,2012.

[5] 奥博斯科编辑部. 配色设计原理[M]. 北京:中国青年出版社,2009.

[6] Sun I 视觉设计. 配色设计实用手册[M]. 北京:科学出版社,2011.

[7] 武奕陈. 物·触·感——浅谈以情感驱动的实体交互产品设计方法. UXPA 中国用户体验论文集,2014.

[8] 陈若轻,陈霖,冯桂焕. 基于移动平台的手写音乐创作系统. UXPA 中国用户体验论文集,2014.

[9] 众说:互联网时代的用户体验实践——理想和现实的差距.《行业观察站第一期》,UXPA 中国.

[10] O2O, http://baike.baidu.com/

[11] AR 技术, http://baike.baidu.com/subview/4993017/4995157.htm

[12] 增强技术浅谈, http://www.cnblogs.com/luweii/archive/2010/05/31/1748048.html

[13] 用户体验, http://baike.baidu.com

[14] 界面设计必备,常用字体规范, http://www.ui.cn/project.

[15] UI 中国, http://www.ui.cn

[16] 优秀网页设计, http://www.uisdc.com

交
互
设
计

参
考
文
献